基于"点-轴系统"的城市空间扩展模式研究

以武汉市为例

郑鹏飞 ◎ 著

中国财经出版传媒集团

经济科学出版社
Economic Science Press

图书在版编目（CIP）数据

基于"点－轴系统"的城市空间扩展模式研究：以武
汉市为例/郑鹏飞著. --北京：经济科学出版社，
2023.1
　ISBN 978 - 7 - 5218 - 4515 - 0

　Ⅰ.①基…　Ⅱ.①郑…　Ⅲ.①城市空间－空间规划－
研究－武汉　Ⅳ.①TU984.263.1

中国国家版本馆 CIP 数据核字（2023）第 021562 号

责任编辑：程辛宁
责任校对：徐　昕
责任印制：张佳裕

基于"点－轴系统"的城市空间扩展模式研究
——以武汉市为例
郑鹏飞　著
经济科学出版社出版、发行　新华书店经销
社址：北京市海淀区阜成路甲 28 号　邮编：100142
总编部电话：010 - 88191217　发行部电话：010 - 88191522
网址：www. esp. com. cn
电子邮箱：esp@ esp. com. cn
天猫网店：经济科学出版社旗舰店
网址：http：//jjkxcbs. tmall. com
固安华明印业有限公司印装
710×1000　16 开　12.5 印张　200000 字
2023 年 1 月第 1 版　2023 年 1 月第 1 次印刷
ISBN 978 - 7 - 5218 - 4515 - 0　定价：68.00 元
（图书出现印装问题，本社负责调换。电话：010 - 88191510）
（版权所有　侵权必究　打击盗版　举报热线：010 - 88191661
QQ：2242791300　营销中心电话：010 - 88191537
电子邮箱：dbts@ esp. com. cn）

前　言

当前，随着我国经济的持续发展和城镇化的快速推进，国内各大城市正同时经历着城市空间规模的扩张和城市结构形态的巨变，努力成为各种"中心""枢纽"，乃至"国际化大都市"已成为各城市明确提出的发展目标，随之而来的是土地资源供应日益紧张、公共基础设施不堪重负、城市生态环境持续恶化等一系列问题。从省域整体的角度来看，还存在资源向省内个别城市过度集中、边缘地区发展严重滞后的问题。在当前的形势下，如何选择合理的省域经济布局方式，既能促进省域中心城市持续健康发展，又能在全省范围内充分发挥其引领作用，已经显得尤为紧迫，这同时也是各地政府和学术界非常关注的问题。

城市空间扩展是城市自身发展的必然结果。作为一个动态变化的区域实体，城市自身同时受到向内集聚力和向外扩散力的双重作用，在扩展过程中也会同时表现出规模的扩大和内部结构的调整。各领域学者都曾经或正致力于城市空间扩展的研究，分析其动力机制、总结一般规律，并提出众多富有启发性和创造性的城市空间扩展方案，这都为我们制定实施科学合理的城市发展规划打下了基础。"点-轴系统"理论是由我国著名经济地理学家陆大道院士于 20 世纪 80 年代提出来的一种经济空间结构理论，该理论主张通过构建"点-轴"结构来推动区域经济高效、快速发展。经过学术界三十多年来的共同努力，该理论已经日臻完善并形成体系，被广泛应用于中央和各级地方政府的经济发展规划。

在城市空间扩展理论和"点-轴系统"理论的基础上，结合我国当前的发展形势和治理体制，本书提出"跨城区"城市空间扩展模式。该模式将省域中心城市的空间扩展与省域经济发展的全局相结合，旨在通过合理构建"点-轴"结构，以应对省域经济增速放缓、区域发展失衡、城市无序扩张等问题提供应对方案。本书以湖北省武汉市为例，详细阐述了"跨城区"城市空间扩展模式的理论基础、空间形式、选址依据、设立流程、建设原则，并对其效果进行了定性和定量分析，本书还搜集年鉴数据，对"跨城区"城市空间扩展模式的作用机制和适用条件进行了论证。本书的主要研究结论如下：

（1）"跨城区"模式可以显著拉动"跨城区"当地经济发展。本书通过理论推导和实证分析证明，"跨城区"的设立可以显著拉动当地经济发展。主要原因有三点：第一，生产要素投入存在边际报酬递减效应，因此，当新增生产要素从资源密集的省域中心城市转移到资源稀缺的"跨城区"时，会带来更高的产出；第二，省域中心城市享有全省最具竞争力的优惠政策体系和资源配置倾斜，"跨城区"设立之后，当地能立即享受到同等的优惠政策和资源倾斜，从而大幅提升经济竞争力；第三，由于"跨城区"与中心城市的产业状况存在结构性差异，在产业梯度的作用下，"跨城区"可以定向承接中心城市的产业转移，从而促进经济快速发展。

（2）"跨城区"模式可以促进省域中心城市发展。"跨城区"的设立对省域中心城市发展的促进作用主要体现在两个方面：第一，"跨城区"相对充足、廉价的土地资源可以有效缓解中心城市因为过度拥挤而带来的各项问题；第二，与东部地区发达城市相比，很多中西部地区省会城市尽管经济体量庞大，但产业结构明显落后，且受制于已有的产业格局难以迅速转型升级，

"跨城区"设立以后，低附加值产业在产业梯度的作用下会定向疏解到"跨城区"，从而腾出空间和资源，促进其自身的产业转型升级。

（3）"跨城区"模式可以拉动省域经济发展。由于"跨城区"的选址严格参照"点－轴系统"理论，"跨城区"设立以后，它与中心城市之间的交通干线会逐步发展为经济发展"轴"，与中心城市一起形成"点－轴"结构，从而带动周边地区经济发展。除此之外，在承接产业的带动下，"跨城区"能吸引周边农村人口就近就业，因而"跨城区"模式符合当前国家大力推行的新型城镇化战略。

（4）享有特殊行政级别的城市拥有更高的生产效率。本书选取全国287个城市的数据，构建模型对生产效率与城市行政级别之间的关系进行实证分析，分析结果表明享有特殊行政级别的城市（直辖市、副省级城市、普通省会城市）拥有更高的生产效率。主要由两点原因构成：第一，在我国现行的治理体制下，行政级别越高的城市享有越多的资源保障；第二，行政级别高的城市能出台更多的税费减免政策，从各方面降低辖区企业的生产成本。值得注意的是，这既是造成区域范围"马太效应"（强者愈强、弱者愈弱）的重要原因，也是"跨城区"模式得以取得效果的重要理论依据。

（5）"TOPSIS－熵值法"首位度较高的城市适宜使用"跨城区"模式。为了对"跨城区"模式的适用条件进行研究，本书在结合现有城市首位度计算方法优势与不足的基础上，提出"TOPSIS－熵值法"首位度计算方案，并将中西部地区十个省会城市进行横向比较。结果发现，成都、合肥、武汉、长沙等城市在各自省内拥有的优势相对较大，适宜进行"跨城区"模式的可行性研究；石家庄、南昌等城市所在省份发展相对均衡，暂无必要考虑"跨城区"模式。

目　录

| 第1章 |

绪　　论

1.1　研究背景

随着我国经济的快速发展和城镇化的持续推进，与城市空间扩展有关的问题日益凸显。特别是近几年我国居民投资房地产热情高涨，使二、三、四线城市的规模急剧扩张，并引发一系列城市扩展问题。国务院参事仇保兴[①]指出，当前全世界正在经历工业革命以来的第三次城市化浪潮，我国在迎来发展机遇的同时，也将同时面临多个方面的挑战，主要体现在以下八个方面：城市发展区域化，区域内竞争加剧；城乡发展不平衡，居民收入差距扩大；自然风光和历史遗产被破坏，城市面貌趋同；城市环境保护滞后，污染排放加

---

① 摘自仇保兴在 2018 年 6 月 22 日《中国城市竞争力报告 No. 16》发布会现场的讲话。

剧；城乡界限模糊，城市低密度蔓延；能源供应紧张，建筑能耗增长过快；民工群体庞大，流向分布失调；土地资源稀缺，人地矛盾尖锐。仔细观察可以发现，上述八种挑战全都涉及城市空间扩展的过程、模式及其后果，并且无一例外。因此，加强对城市空间扩展问题的研究在当前有着紧迫的经济背景和社会背景。

1.1.1 城市化加速推进的必然性

虽然人类历史上最早期的城市诞生于六千年前，但实质上的城市化进程却开始于 18 世纪工业革命，距今不到三百年的时间。然而，不论是在发达国家还是发展中国家，城市化在世界范围内的持续推进已经彻底改变了人类的生产方式和生活方式，并成为不可逆转的潮流。在最先实现工业化的英国，1900 年城市人口占比已达 75%[①]，使其成为世界上第一个实现城市化的国家，其他西方发达国家亦紧随其后，在 20 世纪初期相继实现城市化。由于工业化起步较晚，广大发展中国家直到第二次世界大战以后才开始城市化进程，联合国《2018 年世界城市化报告》公布的数据显示，当前全世界约有 55% 的人口生活在城市中，到 2050 年这一数字有望攀升至 68%，并且新增城市人口将主要来自亚洲和非洲。

改革开放以后，中国的城市化进程开始进入加速发展阶段，城市数目不断增多，城市人口规模持续扩大。中国社科院发布数据显示，2012 年中国的城镇化率突破 50%[②]，即城市人口数量首次超过农村人口数量，标志着我国已经从持续数千年的传统乡村型社会逐渐过渡到现代城市型社会。2019 年《政府工作报告》显示，我国当前的城镇化率已接近 60%，超过世界平均水平，但相比发达国家还有不小的距离。参照西方发达国家的城市化历程，我国目前正处于诺瑟姆 S 形城市化发展曲线的中期，即我国的城市化进程仍将持续加速推进，这既是人类社会发展的必然规律，也是我国在未来一段时期将面临的重要挑战。

---

① 曹瑞臣. 英国城镇化的前世与今生 [J]. 城市管理与科技，2015（1）：80 - 83.
② 中国社会科学院发布《中国城市发展报告（2012）》[EB/OL]. 中华人民共和国国务院新闻办公室网站，http：//www. scio. gov. cn/zhzc/8/4/Document/1203142/1203142. htm，2012 - 08 - 15.

1.1.2 大城市无序扩张的严峻性

随着我国经济的不断向前发展和城镇化的快速推进，在过去数十年中，国内一些城市的建成区面积已经扩大了数倍甚至数十倍。以湖北省武汉市为例，历史资料显示，在新中国成立初期的 1952 年，武汉三镇（汉口、武昌、汉阳）的合计建成区面积为 25 平方公里[①]，因城市体量巨大且工商业发达，一度被列为中央直辖市（1949 ~ 1952 年）。然而，截至 2018 年底，武汉市的城区面积已达 678 平方公里，在 60 多年的时间里膨胀了近 30 倍，而且目前仍以每年超过 10 平方公里的速度在向周围扩张。[②] 虽然数十年来各级规划部门做了很多卓有成效的工作，但我们依然能切身感受到城市无序扩张所引发的诸多问题。主要体现在以下两个方面：

首先，城市无序扩张造成生态环境日益恶化。中国工程院院士周干峙指出：我国城市在当前的发展过程中普遍面临"四个透支"，即能源透支、土地透支、水资源透支和生态透支，四个里面有三个跟环境紧密相关。目前我国城市最普遍的扩张方式就是由中心向外围逐层推进的"摊大饼"式扩张，遇山开山、遇湖填湖，导致城市周边的各种山体、水体、农田、林地、湿地逐年减少甚至消失，造成城市居民生活质量的下降。以武汉市为例，在其主城区范围内的 40 多个湖泊中，五类以及劣五类水质的湖泊数量占比已经超过八成，三环线绿化带用地经常被挤占，生态隔离功能遭到破坏。此外，城市的过度扩张还会带来地面硬化、地下水位下降、城市热岛效应等诸多问题，它们给生态环境造成的长远影响目前还在进一步研究中。

其次，城市的无序扩张会带来各种形式的"聚集不经济"。根据城市经济学理论，当城市规模不断扩大、各类资源聚集程度加大时，"聚集不经济"会使得城市的拥挤成本持续上升，具体表现为人口拥挤、物价飞涨、生活费用攀升、城中村混乱等问题日益凸显，并且使城市原有的发展路径受到阻碍，

---

① 肖剑平，等 . 地图见证武汉城市发展变化［J］. 测绘地理信息，2017（5）：116 – 121.
② 住建部发布的《2019 年城市建设统计年鉴》。

进而抑制经济增长。虽然城市资源向周边地区扩散能在一定程度上缓解主城区压力，但在当前"项目主导"的城市扩张大背景下，与主城区相比，周边地区存在缺乏统一规划、地理位置碎片化、基础设施不完善、行政管理不统一等诸多问题，使资源在向其扩散过程中要承担较大的风险和机会成本，因而对主城区的分担作用有限，并不能有效减缓主城区的持续快速扩张。

1.1.3 小城市发展滞后的紧迫性

随着时间的推移，我国各种类型的城市都在不断发展，然而它们之间的发展速度却存在显著差异。我国城市的规模与其行政级别紧密相关，截至2018年6月，我国共有4个直辖市、15个副省级城市、333个地级市、374个县级市、1636个县。改革开放四十多年来的经济数据表明，直辖市和副省级城市的发展速度明显快于地级市，而地级市的发展速度又明显快于县和县级市。与普通地级市相比，直辖市和副省级城市享有更具竞争力的政策体系和资源配置倾斜，因而经济发展更快。除了少数省管县之外，中国绝大多数县和县级市都归地级市管辖，基于同样的原因，其发展速度又会慢于地级市。

以湖北省为例，截至2018年6月，湖北省下辖1个副省级城市、12个地级市、25个县级市、38个县，合计76个城市（含县城）。然而，它们之间所享有的政策环境具有明显的差异性，武汉市作为湖北省省会和"国家中心城市"拥有得天独厚的政策优势，不仅中央和地方政府在制定各类经济政策时会优先考虑武汉市，重大改革措施的出台也通常会以武汉市为试点，这些都加剧了武汉市和省内其他城市之间经济发展不平衡，越来越表现出"一城独大"特征。2018年，武汉市GDP为14847亿元，占全省的36.72%，而武汉市的人口为1108万，仅占全省的18.73%，武汉市人均GDP为湖北省的2.24倍。[①] 与武汉市的强势相对应的就是其他75个城市的弱势，特别是那些位于省域边缘、行政级别最低的县和县级市，发展严重滞后，在经济上也有被日益边缘化的危险（乔洪武等，2014）。

---

① 2018年《湖北省国民经济和社会发展统计公报》。

当前的形势迫切需要我们从全局的角度出发，制定出更加科学合理的经济政策和发展规划，既能符合城市化加速推进的历史潮流，又能缓解大城市的无序扩张，还能同时兼顾到众多小城市的发展需求，本书对城市空间扩展模式的研究正是基于这一现实背景而展开。

1.2　研究目的与意义

1.2.1　研究目的

本书在"点 – 轴系统"理论的指导下，为省域中心城市提出"跨城区"城市空间扩展模式，主要是为了实现以下目标：

（1）缓解中心城市无序扩张，促进产业结构转型升级。在全省范围内为中心城市选择、规划、建设、发展"跨城区"，首要目的在于改变中心城市目前普遍采用的层层推进"摊大饼"发展模式，从而为当前交通拥堵、环境恶化、基础设施过载、拆迁矛盾频发等现实问题提供新的解决思路。"跨城区"充足、廉价的土地资源和人力资源也将有效缓解中心城市目前土地供应不足、房地产价格过快上涨、人口结构老化、人力成本持续攀升等问题。在产业梯度的作用下，劳动密集型、低附加值、不符合长远产业规划的产业将逐步疏解到"跨城区"，使中心城市能更加聚焦于品牌、研发、设计等附加值较大、辐射力较强的产业分工环节，形成"高增值、强辐射、广就业"的服务业体系，以及以先进制造业和现代服务业为支撑、以高新技术产业为先导的产业发展格局，从而逐步实现产业结构的转型升级。

（2）发挥中心城市的扩散效应，带动落后地区发展。通过为中心城市规划新的城市空间扩展模式，使其高速运转的资金流、物流、信息流和人力资本流能够逐步扩散到"跨城区"。"跨城区"经济发展落后，各项要素匮乏，在中心城市扩散效应的带动下，不但可以顺势承接产业转移，还能迅速获得中心城市在多年开发区建设中积累的人才、经验和优惠政策，从而实现投资吸引力的大幅提升，由省域经济的"边缘地带"转变为经济发展迅速的城市新兴地带。

（3）促进省域经济均衡、快速发展。中心城市"跨城区"设立以后，可以使其高度集中的各项生产要素在更广阔的范围内进行资源配置，从而带来配置效率的提升。"跨城区"的设立和建设，不仅会在全省范围内优化产业布局、均衡经济发展格局，还能创造大量的基础设施建设需求和工作岗位需求，从而促进全省经济的持续发展。此外，拟定的"跨城区"都分布在与外省交界处，对内、对外交通便利，在成为省域中心城市的一部分之后，可加强与相邻省份之间的经济联系。

1.2.2 研究意义

1.2.2.1 理论意义：是对城市空间扩展理论的重要补充

经过两百多年的发展，城市空间扩展理论已经成为一个成熟的理论体系，在世界范围内广泛用于描述城市的空间结构特征、分析城市的空间扩张机制、总结城市的空间扩展规律和制定城市的空间扩展规划。本书从两个方面对城市空间扩展理论进行了补充：

首先是"点－轴系统"的引入。通过在城市空间扩展的过程中构筑"点－轴"结构，可以将城市空间扩展与所在区域的经济发展相结合，从而跳出城市自身的框架，从整个区域的角度来为城市扩张寻求最优方案，理论上会获得更高的资源配置效率。

然后是行政干预因素的引入。在包括我国在内的很多国家中，虽然市场已经在资源配置中发挥了主导作用，但行政干预力量对此过程仍有相当大的影响。行政力量的作用范围是以行政区划来划分的，常常会跟经济活动的范围不一致，并由此导致"行政区经济"的诸多弊端，影响了经济发展效率。本书充分考虑了行政干预因素的影响，既把它归为经济发展不平衡的重要原因之一，又利用它来进行更合理的城市空间发展规划。因此本书对城市空间扩展模式的研究丰富了城市空间扩展理论的内涵。

1.2.2.2　实践意义：为省域中心城市的扩展和区域经济的平衡提供新思路

2019 年 1 月 9 日，国家正式批准山东省调整济南市和莱芜市的行政区划，将后者变为前者的一个区，另外一些省域中心城市的空间扩展方案也在等待批复的过程中，但几乎都是传统的向周边地区的"吞并式"扩展。这种扩展模式的预期效果通常比较有限，因为相邻地区本来就经济水平接近、经济联系密切，产业格局已经存在某种程度上互补了，行政区划统一后并不会带来太大的改变，因而这种"吞并式"扩展主要用于城市规模的扩大和土地供应紧张的缓解，而且扩展对象也仅限于周边地区，因此对促进省域经济均衡发展作用有限。

本书以湖北省武汉市为例进行分析，研究范围并不仅限于与之相邻的"武汉城市圈"成员，而是以"点－轴系统"理论为依据，在全省范围内综合比较、选择扩展目标，并结合实际情况详细阐述了"跨城区"的选址依据、选择步骤、设立流程、保障机制。此外，本书还评估了"跨城区"城市空间扩展模式的效果，并对其作用机制和适用条件进行了分析，因而具备一定的实践意义。

1.3　核心概念与研究方法

1.3.1　核心概念界定

"跨城区"城市空间扩展模式是本书以"点－轴系统"理论为依据提出的一种跳跃型城市空间扩展模式，旨在通过构建"点－轴"结构来促进省域经济增长、缓解省域发展失衡和大城市的无序扩张。其中，"点"为省域中心城市（如湖北省武汉市），"轴"为中心城市与其"跨城区"之间的连接带（沿交通干线分布的经济发展带）。为省域中心城市设立"跨城区"，是在现有理论基础上对城市空间结构模式和新型城镇化进行的探索。"跨城区"概念的界定由以下六个方面构成：

（1）空间上，"跨城区"分布在与外省交界处，和中心城区相互分离，通过方便快捷的交通干线连接。

（2）行政上，"跨城区"从省内边缘地带的县（县级市）转变为省域中心城市直属辖区，是一种跳跃型的城市空间扩展。

（3）经济上，"跨城区"经济发展水平相对落后但拥有良好的区域可达性，在特定资源或产业上有较大的发展潜力，有条件承接省域中心城市的产业转移。

（4）对于中心城区，"跨城区"的设立不但能分担其城市化压力、优化城市经济空间结构，还能帮助其统一规划、统筹产业、提高行政效率、减少重复建设。

（5）对于自身，"跨城区"的设立有助于定向承接主城区的产业转移，吸引劳动力就近聚集，促进本地特色资源开发，带动地方经济增长，并成为省域中心城市与外省进行经济交流的"桥头堡"。

（6）对于全省，"跨城区"的设立旨在将省域中心城市的扩散效应扩大到全省范围，有助于推进空间正义，缓解省域经济发展不平衡，刺激基础设施建设需求，促进全省经济发展。

1.3.2　与其他概念的本质区别

"跨城区"模式与现有的远城区、卫星城、城市圈、城市群概念存在本质区别，概念辨析如下：

（1）"跨城区"与远城区的区别。首先，远城区原本就是中心城市的组成部分，因而经济发展水平远高于省内边缘地区，与中心城区之间可能不存在明显的产业梯度，而这却是设立"跨城区"的一项基本前提；其次，虽然名为"远城区"，但与中心城区之间依然紧密相连，过近的距离不利于构建"发展轴"。

（2）"跨城区"与卫星城的区别。在地理位置上，卫星城主要分布在中心城市相邻或附近地区，根据与中心城市之间的关系可分为独立型、半独立型和从属型（三者间并没有严格的界线）。在经济上，卫星城一般形成较晚，具有良好的交通条件、通信条件和较高的经济发展水平，且对中心城市有高度的依赖性。相比之下，"跨城区"位于省域边缘地带，与中心城区并不相邻。"跨城区"原属地独立发展并形成了自身的经济体系,虽然发展水平落后,但在之前对省域中心城市并没有明显的依赖性。

（3）"跨城区"与城市圈、城市群的区别。以湖北省为例,国家已经明确提出要规划建设以武汉为核心的"武汉城市圈"和包括武汉市在内的"长江中游城市群"。前者着眼于通过各项经济要素的集聚效应来推动省域经济发展,后者则是从促进中部崛起的国家战略层面进行的跨省统筹规划,二者相辅相成,是区域经济发展模式的重大战略规划。相比之下,虽然"跨城区"也是一种区域经济发展策略,但与"城市圈"或"城市群"概念存在本质区别。首先,"跨城区"从促进省域经济发展的角度出发,在省域范围内进行选址、规划和建设,有着明确的范围;其次,"城市圈"和"城市群"范围广大但内部联系比较松散,在执行层面各参与主体都是平等的,这些都构成了规划实施效果的不确定性。而"跨城区"在行政上直接隶属于省域中心城市,具有更强的联系纽带,被同一群城市管理者领导,被同一份城市规划、产业规划指导,虽然涉及范围小,但具有更强的可操作性。

1.3.3　研究方法

在"跨城区"城市空间扩展模式模拟实践和效果评估的论述过程中,本书主要采用了下列研究方法:

1.3.3.1　文献研究法

"跨城区"城市空间扩展模式并不是一个凭空造出来的概念,而是有着成熟的理论基础,并充分结合了当前特定的经济形势和治理体制。"跨城区"模式主要基于"点-轴系统"理论和城市空间扩展理论提出,因此本书梳理了大量的相关文献,对上述两种理论的核心内容、发展历程和研究现状进行归纳和总结,以增强研究过程的科学性、研究结果的可靠性。

1.3.3.2　案例分析法

从选址到设立,从规划到建设,从促进特色产业发展到产业梯度转移,

"跨城区"城市空间扩展模式包含诸多方面的内容。深汕特别合作区的设立，虽然有其特殊性，而且与本书的"跨城区"模式存在本质上的差异，但在某些方面有可供参考和借鉴的经验。因此本书对其设立背景、管理模式和利益分配进行了着重分析。

1.3.3.3　定性分析法

"跨城区"城市空间扩展模式是将理论与实践相结合的一项探索，并没有现成的案例可循。因此在某些环节的论述过程中，本书需要结合历史规律、改革现状和相关领域的实践经验进行定性分析。

1.3.3.4　定量分析法

为了增强研究的科学合理性，本书从各类统计年鉴中收集截面数据，并按照定性分析的思路构建经济学理论模型，展开定量分析，对定性分析的结果进行验证。

1.3.3.5　对比分析法

在本书各个环节的论述过程中，大量采用了对比分析方法。主要有"点－轴系统"理论与其各项理论渊源之间的对比、为准确界定"跨城区"概念而进行的对比、34 个武汉市"跨城区"候选地之间的对比、"跨城区"设立前后各方状况对比、享有特殊行政级别城市与普通地级市之间的对比、中西部各省会城市之间首位度的对比等等。

1.4　研究内容与技术路线

1.4.1　研究内容

本书的研究主要由四部分内容构成，按照研究背景、理论研究、模拟实践和实证分析的顺序依次展开。

（1）研究背景部分：主要为第 1.1 节的内容，包括城市化加速推进的必然性、大城市无序扩张的严峻性和小城市发展滞后的紧迫性，这些共同构成了为省域中心城市寻找创新扩展模式的必要性。"跨城区"城市空间扩展模式既是在这个背景下提出，也是为了应对上述问题。同时，第 1 章还阐述了本书的研究目的、意义、方法、内容和技术路线，并对本书的核心概念——"跨城区"城市空间扩展模式的具体含义和主要特征进行了说明。

（2）理论研究部分：包括第 2~4 章内容。第 2 章："跨城区"城市空间扩展模式理论基础。在本质上，"点－轴系统"理论是本书提出"跨城区"城市空间扩展模式的理论基础，为本书研究的科学合理性提供重要理论支撑，本章对"点－轴系统"的形成过程、演化阶段、形成机制和应用领域进行了详细阐述；在形式上，"跨城区"城市空间扩展模式属于城市空间扩展理论的范畴，是在现有城市空间扩展模式上结合我国国情和区域现状进行的理论创新，因此本书在这一章节对城市空间扩展的一般过程、形成机制、主要特征和典型模式进行了阐述。第 3 章：国内外研究综述与评价。本章以时间为主线，将中外学者对"点－轴"系统和城市空间扩展的研究进行了梳理、归纳和简要评价。"点－轴系统"理论由我国著名经济地理学家陆大道院士于 20 世纪 80 年代提出，是对西方学者所提出中心地理论、增长极理论和生长轴理论的继承和发展，本章对它们之间的理论渊源和主要区别做了简要梳理，同时还介绍了国内学者对"点－轴系统"的研究和拓展；学术界对城市空间扩展的研究已持续两百多年，本章按照时间顺序分阶段、分领域对中外学者在城市空间扩展领域的研究成果进行阐述。第 4 章：城市空间扩展典型案例解析。深汕特别合作区的成立虽然有其特殊性，但其建设经验对本研究依然有着重要的参考价值。本章对其设立背景、管理模式、利益分配机制和产业迁移思路进行了分析，并将某些经验借鉴到了"跨城区"模式的研究中。

（3）模拟实践部分：即第 5 章内容。第 5 章："跨城区"城市空间扩展模式模拟实践。本章以湖北省武汉市为例，对"跨城区"城市空间扩展模式的背景考察、"跨城区"选址和"跨城区"的设立进行阐述。其中，"跨城区"的选址部分是本章核心内容，详细阐述了如何从 34 个候选地中通过有利政策条件分析、产业互补条件分析、人口规模情况分析和交通区位条件分析中初步筛选出 10 个县市，再进一步依据"跨城区"的设立原则和实际情况最终确定 6 个县市组成 4 个武汉市"跨城区"，并结合"点－轴系统"理论和城市空间扩展理论的相关原则对模拟实践过程进行了可行性分析。

（4）实证分析部分：主要包含第 6~8 章。第 6 章："跨城区"城市空间扩展模式效果评估。本章以湖北省和武汉市为例，将"跨城区"的设立对"跨城区"当地、武汉市和湖北省的影响展开分析。本书认为，相对于普通城市而言，大城市享有更优惠的政策，这既是加剧区域发展失衡的原因，也是"跨城区"发展模式的一个必要条件。本书通过构建模型来模拟"跨城区"设立以后当地的经济发展情况，计算结果表明，拟定的县市在成为武汉市"跨城区"以后，国内生产总值将获得显著增长。第 7 章："跨城区"城市空间扩展模式作用机制分析。在上一章结论的基础上，本章构建模型，将包含国内 287 座各级城市的截面数据进行回归分析，计算结果证实了在同等要素投入的情况下，直辖市、副省级城市和省会城市比普通地级市能得到更高的经济产出。随后，本章从我国治理体制的演变历程和现状入手，对造成这种现象的原因进行了分析。第 8 章："跨城区"城市空间扩展模式适用性研究。基于前面的研究结论，本章对"跨城区"城市空间扩展模式的适用性进行分析，在充分借鉴已有各种首位度计算方法优点和不足的基础上，提出"TOPSIS－熵值法"首位度计算方法，并作为评判"跨城区"发展模式适用性的参考指标。通过使用该方法对中西部地区 10 个省份的数据进行计算，发现成都市、合肥市、武汉市这 3 座城市在各自省内优势地位比较突出，适宜开展"跨城区"城市空间扩展模式的可行性论证。石家庄市和南昌市在各自省内"一城独大"的情况不明显，暂无必要开展"跨城区"扩展模式论证工作。

（5）结论部分：即第 9 章内容。基于上述分析结果，本书在第 9 章进行了简要总结，并提出了与"跨城区"扩展模式的实际应用相关的一些政策和建议。

1.4.2 技术路线分析

本书的技术路线分析图如图 1-1 所示。

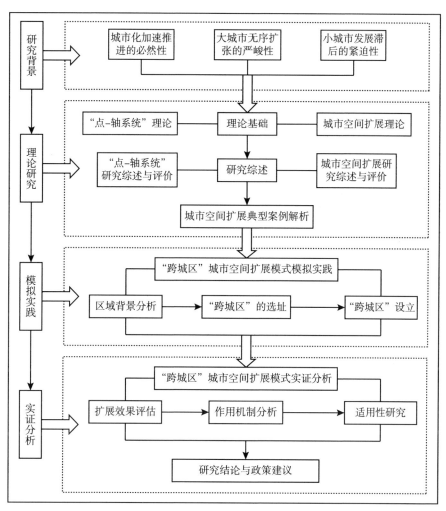

图 1-1 基于"点-轴系统"的城市空间扩展模式研究技术路线

1.5 可能的创新点

1.5.1 将"点－轴系统"理论与城市空间扩展理论相融合

在已有的研究中，"点－轴系统"理论主要用于区域经济规划，通过在区域内构建"点－轴"结构来拉动区域经济增长；而城市空间扩展理论主要用于研究城市空间扩展的形式、过程和规律，并寻找最佳的城市空间扩展方案。本书将"点－轴系统"理论与城市空间扩展理论相融合，提出"跨城区"城市空间扩展模式，通过在省域中心城市扩展的过程中构建"点－轴"结构，来同时促进中心城市、"跨城区"当地及其周边地区的发展。该模式在本质上属于"点－轴系统"理论的应用实践，在内容上属于城市空间扩展的范畴，因而同时拓展了上述两项研究的范围。

1.5.2 详细模拟了"点－轴"结构的主动构建过程

已有的对"点－轴系统"理论的应用研究成果（如各类经济圈、经济走廊），都是将"点"和"轴"同时给出，在本质上属于"点－轴"结构的识别过程。但在现实情况中，如果首先只给定一个"点"（如中心城市），同时拥有通往各个方向的交通干线，且都具有发展成"轴"的潜力，此时就会难以取舍，毕竟依靠行政规划力量可以调配的经济资源是有限的。与之相比，本书模拟现实决策过程，在先给定"点"（如武汉市）的情况下，严格依据"点－轴系统"理论的基本原则，从大量的候选地中逐步筛选出最佳发展轴向，因而在本质上属于"点－轴"结构的主动构建过程，丰富了"点－轴系统"理论的实践。

1.5.3　论证并解释了城市行政级别对生产效率的影响

与普通地级市相比，享有特殊行政级别的直辖市、副省级城市和普通省会城市通常享有更高的经济发展水平。本书通过选取年鉴数据、构建分析模型，发现在同等资本投入和劳动力投入的情况下，拥有特殊行政级别的城市能够带来更高的经济产出，即拥有更高的生产效率。本书结合当前的国情和治理体制，对造成这一结果的原因进行了解释。

1.5.4　计算"TOPSIS – 熵值法"首位度对各省进行横向比较

"跨城区"城市空间扩展模式的一个重要应用前提就是省域经济发展不平衡，虽然在我国中西部地区省份这是非常普遍的现象，然而各省份之间不平衡的程度依然有所差别。为了对其进行度量和横向比较，本书借鉴现有首位计算方法的优势与不足，将 TOPSIS 法（逼近理想解排序法）和熵值法相结合，提出了新的首位度计算方法，并以此来作为"跨城区"城市空间扩展模式的应用参考。

第 2 章

"跨城区"城市空间扩展模式理论基础

2.1 "点-轴系统"理论

"点-轴系统"是一个由"点"和"轴"构成的区域经济空间结构系统,最早由我国中科院地理所陆大道院士提出,常用于指导区域内的国土资源开发和生产力布局。其中,"点"是指区域内的各级中心城镇,同时也是各类经济资源的聚集点,有带动其周边地区发展的潜力;"轴"是指在区域内各级中心城镇之间后来形成的人口相对密集的产业带,仿佛是新生成的把各个"点"联结在一起的纽带,因而又被称为"发展轴线"或"开发轴线"(陆大道,1995)。接下来将简要阐述"点-轴系统"的形成过程、演化阶段、形成机制和主要作用。

2.1.1 "点-轴系统"形成过程

区域经济发展的实践表明,社会生产力在区域空间内的组织和形成总会遵循一定的规律,即不论是否自觉,人类总会沿着某种轴线来进行经济活动并建设基础设施,从而完成实质上的生产力布局。

陆大道(2001)指出:"在一个未开发的匀质区域内,任意经济客体都必须与其他客体发生联系,才能保证自身的存在和运行,而由于一些基础设施(市场、水源、道路、能源、通信、设备以及市政设施等)天然具有共享的属性,区域内的经济客体必然需要选择一个点来集中,因此,在规模效应和集聚效应的作用下,区域空间内形成了一个或若干个资源相对密集的中心点。"[①] 随着社会经济的进一步发展,匀质区域内开始出现大量无序的点(经济客体),在空间上相互邻近的经济客体之间必然会发生联系,并逐渐形成将其联结在一起的线状基础设施(轴),于是点和轴组合在一起构成了最简单的"点-轴"结构。随着时间的推移,有些"点"会逐渐发展为大小不一的城镇,它们之间的"轴"也会在联结范围和联结效率上分化出不同的等级。初始的"点-轴"结构开始向"点-轴—集聚区"演变,"集聚区"由"点"集聚而来,具有更大的规模和更强的辐射力。各种规模和等级的"点""轴""集聚区"相互联结在一起,最终形成"点-轴系统"空间结构。

上述过程是"点-轴系统"形成的基本原理,在实践过程中,由于不同国家和地区存在地理气候、交通区位、资源禀赋、文化背景、风俗习惯、政治制度等诸多方面的差异,其"点-轴"结构的形成和发展就会存在截然不同的形式、规模和动力。

2.1.2 "点-轴系统"演化阶段

通过对实践中区域经济形成过程和分布规律的总结,总体可将"点-轴

---

① 陆大道. 论区域最佳结构与最佳发展——提出"点-轴系统"和"T"型结构以来的回顾与再分析 [J]. 地理学报, 2001, 56 (2): 127 - 135.

系统"的形成过程分为如图2－1所示的四个阶段。

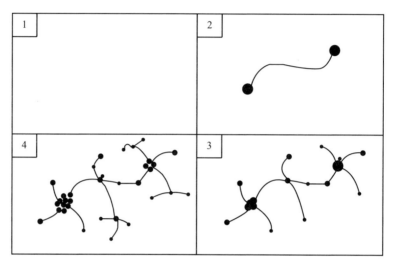

图2－1　"点－轴系统"空间结构形成过程

（1）前期均衡阶段。在本阶段，区域经济处于农业时代，经济效率低下，种类不多的社会经济客体在区域内均匀分布，没有明显的组织结构，各生产力要素尚未开始集中，因而也不存在集聚效应，但潜在的"点"和"轴"已经在酝酿之中。严格意义上讲，这是一种现实中并不存在的理想状态，区域内的要素分布不可能做到绝对均匀，但由于在后续阶段区域内的经济活动分布形态将发生显著变化，因此相对而言，可以认为这一阶段是均衡的。

（2）"点""轴"形成阶段。在本阶段，区域经济处于工业化初期，出于资源共享、分工协作、社会交往的需要，区域内出现若干个"点"，"点"与"点"之间相互联系需求又促进了"轴"的形成，带动周边区域快速发展，区域经济的空间结构也因此发生明显变化。

（3）"点－轴"结构形成阶段。在本阶段，区域经济处于工业化中期，区域内的空间结构、经济结构和社会结构发生剧烈变化，"点"和"轴"的数量不断增多，并且在规模和效率上开始表现出等级差异。区域内的生产要素和经济活动开始自发的围绕"点"和"轴"展开分布，周边资源优先得到开发利用,区域经济迅猛发展,"点 – 轴"结构初步成型。

(4)"点 – 轴"系统形成阶段。在本阶段,区域经济已经逐渐步入工业化后期或者所谓的"后工业化时代",区域空间结构表现出高度的有组织状态,生产要素和经济活动布局受到市场自发和主动规划共同作用。这一阶段生产力发达、人口规模较大,但经济增速和人口增速逐渐放缓,因而区域的空间结构也趋于稳定。

2.1.3 "点 – 轴系统"形成机制

一般而言,区域内任意空间结构的形成都可以按照趋向的不同分为空间聚集和空间扩散,这既是社会经济客体演化的基本特征,也是促使"点 – 轴系统"形成的内在机理,因此,"点 – 轴系统"空间结构的形成是区域经济发展的必然结果,反映了区域内经济客体在空间上相互作用的客观规律。

"点"的形成是空间聚集的结果,因为生产要素在空间上的聚集可以产生集聚效应和规模效应,从而给周边地区带来正外部性,促进其经济社会发展。然而,由于边际效应的存在,要素聚集的边际效率会逐步降低,直至产生负外部性,此时区域内生产要素的运动趋势就会由空间聚集转为空间扩散。空间聚集和空间扩散是双向进行的,要想在区域内实现对社会经济资源的最佳配置,必须既要发挥集聚效应、规模效应,又要密切关注各项要素的边际效率,在合适的时候进行空间扩散。

"点 – 轴系统"空间结构形成的关键在于沿轴线展开的渐进式扩散:在资源聚集到一定程度时,扩散趋势开始形成,社会经济客体从一个或多个扩散源出发,在若干方向上沿着线状基础设施(扩散通道)以社会经济"流"的形式逐渐扩散,并在距扩散源一定距离的"点"进行规模不等的重新聚集。在正常情况下,扩散力的强度随着到扩散源距离的增加而衰减,相邻扩散源的扩散通道相互连通,形成发展轴线(陆大道,2002)。随着时间的推移和区域经济水平的提升,发展轴线在扩散过程中逐步延伸,促使新的资源聚集点和新的发展轴线不断形成。位置级差地租和区域可达性是促使"点 – 轴系统"空间结构形成的重要原因,位置级差地租影响土地利用的区域空间结构，区域可达性影响生产要素在区域内的渐进式扩散，两者共同决定了区位开发模式，从而对区域空间结构现有格局和未来发展方向造成重大影响。

2.1.4 "点－轴系统"应用领域

"点－轴系统"理论以及与之对应的"点－轴系统"模式是对生产力要素和社会经济客体在空间上运动、演变规律的概括，因此常被用于指导区域经济开发，主要有以下几个应用领域：

2.1.4.1 国土开发和生产力布局

"点－轴系统"理论由我国经济地理学家陆大道于 1984 年首次提出，旨在为我国国土空间开发提供理论依据和应用方案。陆大道建议：可将我国东部海岸线和长江沿线作为两条最重要的国家级发展轴线（T 型开发模式），即沿海经济轴线和沿江经济轴线，进行国土开发重点战略布局，从而引领全局经济发展。T 型开发模式的提出引起了学术界和政府部门的关注，并被写入 1987 年《全国国土总体规划》，这也是"点－轴系统"理论的首次应用。

T 型开发模式的主要内容为：在我国的国土开发中，应该沿若干条主要轴线进行生产力布局。其中，东部海岸线和长江沿线为两条最主要的一级轴线，以哈大铁路、京广铁路、陇海铁路、兰新铁路、南昆铁路等交通干线为区域性的二级轴线，同时确定若干省域中心城市进行重点开发建设，与一级和二级轴线构成不同层级的"点－轴系统"，并成为我国进行国土开发和经济建设的总体基本框架。

T 型开发模式从我国资源空间分布不平衡的基本国情出发，较好的结合了我国经济活动的空间分布规律，促进了我国生产力布局与交通区位、自然资源、经济基础等因素的结合，对我国各层级的发展规划和经济建设产生了深远的影响（周茂权，1992）。

2.1.4.2 区域旅游开发规划

我国是一个国土广袤、地形多样、旅游资源丰富的国家，传统的"分散型"旅游资源开发模式效率不高,制约着很多地区旅游产业的发展。"点 - 轴系统"理论的提出,为各地进行旅游资源的整体开发提供了新的思路。

很多学者以"点 - 轴系统"理论为指导,结合各地区的实际情况,提出了有针对性的区域旅游资源开发方案。例如:桂峰(2001)为江苏省辐射沙洲沿岸的海洋旅游资源提出的开发方案,石培基和李国柱(2003)为西北地区整体旅游资源提出的开发方案,肖星和王生鹏(2003)为甘肃省旅游资源提出的开发方案,吴丽霞和赵现红(2004)为河南省安阳市旅游资源提出的开发方案,邓清南和许虹(2005)为成都市环城旅游带提出的开发方案,董静和郑天然(2006)为京津冀地区旅游产业提出的开发方案,等等。

2.1.4.3 区域开发和发展规划

为了促进全国经济平衡发展,国家先后提出了西部大开发、中部崛起等重大战略,在此背景下,各级政府都出台了一系列区域经济发展规划,"点 - 轴系统"理论在此过程中得到了广泛的应用。主要体现在以下三个方面:

(1)在西部大开发战略中的应用。为了配合国家西部大开发战略的实施,许多学者提出了建设性的开发思路和建议,其中很多都应用了"点 - 轴系统"及其相关理论。例如:赵红雨(2001)、赵海霞和张效军(2002)、李昌新(2002)等学者都从"点 - 轴"基本结构出发,建议集中资源优先建设若干个中心点(中心城市)和发展轴(交通经济带)来带动整个西部地区的经济发展。国务院于 2001 年发布的《关于实施西部大开发政策的通知》明确提出了"以线串点、以点带面"国土开发战略模式,符合"点 - 轴系统"理论的基本主张(刘卫东,2003)。此外,国务院西部大开发领导部门还专门委托中科院专家运用"点 - 轴系统"、增长极等区域发展理论结合现代空间信息技术,为西部大开发的重点区域做前期规划研究,并且研究成果被纳入后续发布的总体规划中。

(2)在中部崛起战略中的应用。为了配合国家中部崛起战略的实施,许多学者结合区域实际情况,以"点 - 轴系统"等区域经济理论为指导,提出了诸多富有地方特色的经济发展规划。例如:陆大道(2003)、陆玉麒(2004)、李国平(2005)、严清华(2005)、吴传清(2006)等学者先后研究了"汉长昌经济圈"（武汉、长沙、南昌）这一区域经济战略论题，并提出了建设性的开发方案。吴传清和许军（2006）在"点－轴系统"模式及其衍生出的"双核结构"模式基础上，提出了"昌九工业走廊"（南昌、九江）建设思路。

（3）在各级地方政府编制发展规划中的应用。在我国现行治理体制下，省、市、县等各级地方政府都需要定期为辖区编制今后一段时期的发展规划，"点－轴系统"理论因其简洁的内容、明确的主张和广泛的适用性，在各地规划建设城市圈、卫星城、工业园区的过程中发挥了重要影响，并取得了丰富的成果。

2.2 城市空间扩展理论

城市是一个动态变化的区域实体，同时受到向内集聚力和向外扩散力的双重作用，城市空间扩展过程及其结构变化通常会遵循一定的规律。城市空间的不断对外扩展是一个典型的非均匀过程，即在给定的基质条件下，随着经济社会的不断发展，城市自身的结构和功能也会进行动态调适，从而推动其空间系统的不断扩展与重构。因此，城市空间扩展是指城市在各种力量的综合作用下，自身功能不断适应所在区域经济社会发展的方式和过程（李雪英等，2005）。接下来将简要阐述城市空间扩展的一般过程、形成机制、主要特征和典型模式。

2.2.1 城市空间扩展一般过程

随着工业革命的爆发和工业化浪潮席卷全球，世界上大部分城市才开始了真正意义上的城市空间扩展。伴随着工业化的不断推进，城镇地区设立大批工厂，吸引大量农村人口向城市迁移，工业、商业和居住等建设用地供需矛盾日益激化，推动城市开始以"滚雪球""摊大饼"的方式向周边农村地区快速扩展，在此过程中，有的小村镇升级为小城市，有的小城市又快速成长为大城市，我国现在主要的 70 座大中城市几乎无一例外都是以这种方式"长大"的。工业革命以后，西方国家也都普遍经历了这种以集中发展为主要脉络的城市空间扩展过程。

一般而言，在经济增长的驱动下，城市会从逐渐从均衡状态的单核心空间组织逐渐发展为不平衡的多核心空间组织。城市的发展过程可分为以下四个阶段，任意城市现在都处在其中之一：

（1）原始阶段。在本阶段，城市的发展停留在原始水平，规模较小，辐射力有限，周围没有经济腹地，很少与外界进行人员、物质、信息和能量交流，类似于一个独立的极核，处于准静止平衡状态且各城市之间也没有等级差别。

（2）初始扩张阶段。在本阶段，城市在自身经济不断发展的同时，开始能够对周边有限地区施加影响，在乘数效应的作用下，城市自身的发展速度大于其边缘地区，且原有的空间范围已经不能满足自身发展需求，因而开始从边缘地区吸收资源，同时也把自身的资源扩散到边缘地区，并造成后者的缓慢城市化，从而开启了城市最原始的扩张，此阶段的城市由一个相对强大的孤立核心和其边缘范围有限的发展停滞区构成。

（3）单一主核心和边缘副中心形成阶段。虽然城市核心的经济已经发展到一定水平，但相对优势依然不足以将所有边缘地区都吸收到城市范围，部分边缘地区发展成为城市副中心，是所在区块的经济增长极，城市副中心与单一主核心之间存在一定的距离和未填充带。

（4）城市各区块相互依存阶段。城市周边地区在几个主要发展轴向上已经全部实现城市化，成为范围明确的城市腹地，并且形成规模不等的市场网络体系。单一主核心和各副中心之间相互衔接，直接影响区域交互重叠，构成了规模庞大、相互依存的大型城市体系。

2.2.2 城市空间扩展形成机制

城市空间不断扩展是其自身功能不断发展与调整的结果（姚士谋等，1995）。随着城市对某种功能需求的扩大，城市用地范围开始扩展，既包含平面扩展（即充分利用城市内部面积或向周边地区扩展），又包含立体三维扩展（即向高层建筑或地下空间扩展）。此外，这种扩展还可以通过调整功能部门用地的布局来实现，这种方式应用广泛，例如，很多发展中国家的城市不断将污染性产业转移到城市外围地区，中心城区的产业层次持续升级且生活环境得到优化。与发展中国家的功能迁移相比，发达国家更多采用功能新建的方式，有时会导致中心城区相对衰落，边缘地区日益兴起。总体而言，城市总是朝着更有利于整体高效化、现代化和自组织化的方向进行功能组合与区位调整。区位优越的中心地区的第三产业占比逐渐加大，第一、第二产业会因为附加值相对较低而逐步向外腾退空间，居住空间则向城市扩展的主体方向不断拓展。不论是计划经济体制，还是市场经济体制，城市土地利用都会以同质结块的方式有效组合，但由于受到各种因素的影响，城市土地的调整成本和组合收益并不相同。

城市的土地利用结构存在显著的结构效应，即合理有效的组合会给城市带来一系列经济效益和社会效益，并对后续的土地利用模式产生示范作用，反之亦然。但是，城市中的居住用地往往具有一定的惰性，制约城市空间的合理扩展，进而减少城市优化土地利用结构的潜在收益。工业用地、商业用地以及居住用地相互交织，前两者的结构效应和后者的惰性共同发挥作用，对城市空间的扩展过程产生重大影响。

2.2.3 城市空间扩展主要特征

不同城市之间存在生产力水平、经济基础、社会结构、文化背景、自然环境、风俗习惯等方面的显著差异，这都给城市空间扩展的过程带来影响，使其体现出区域性、整体性、社会性、层次性和动态性的基本特征。

2.2.3.1 区域性

我国幅员辽阔、人口众多，各地区经济、社会发展水平差距极大，从而使区域内的城市空间扩展体现出区域性特征，并具体反映在城市建设的地形条件、人口规模、社会结构和产业空间组织等方面。因此，区域性成为城市空间扩展的主要特征之一。

2.2.3.2 整体性

城市形成以后,各种职能活动在城市内部有限空间内相互作用,构成一个完整的有机体。有机体本身会反过来对任意职能活动都产生影响,尽管城市内的每项活动都有自身的特性与规律,但都会依赖于城市整体的发展。所以,城市在空间扩展过程中会表现出整体性,即取决于各要素在整体中的地位以及它们之间的相互关系和结构,而不仅是各项要素的简单汇总。

2.2.3.3 社会性

城市空间的扩展并不是总是以最合理有效的方式进行,有时候会因为受到重大外部因素的干预而向不合理的方向发展,不仅成本高、效益低,甚至还会引发诸多社会问题。例如,国外有移民城市在扩展过程中会产生"中心衰落""城市空间种族隔离"等问题。与此同时,行政体制、地区政策、管理模式等社会因素也会对城市空间扩展的方向、规模、强度和空间结构产生直接影响。

2.2.3.4 层次性

城市本身由多层次的子系统构成,因而城市空间扩展也是各子系统空间扩展的综合表现。一般来说,这一扩展过程可分为城市内部形态、城市边缘形态和区域城镇体系形态等三个层次的空间特征变化。其中,城市内部形态是不同功能区的空间组合,包含工业区、商业区、居住区等,特征和分布规律各不相同,是三个层次中最基本、结构最复杂的层次;城市边缘形态主要指城乡交界地带的形态,兼具城市和乡村双重特性,是空间变化最显著、最剧烈的层次;区域城镇体系形态是指在城市的直接影响范围内,各种功能和规模的城镇之间的相互关系,是城市空间扩展过程中范围最广、变化最慢的层次。

2.2.3.5 动态性

根据上述三个层次的划分,不同层次在城市空间扩展过程中表现出不同的动态性，分别如下：

（1）城市内部形态主要由内向外扩展。当城市某一功能形成后，在规模经济产生正反馈的作用下，该功能不断强化，直至成为增长极核并向外扩散能量。这种扩散的强度并不是均匀或者呈线性衰减的，而是由一系列的波峰和波谷构成，波峰处扩散强度大，波谷处扩散强度小。个别地区虽然距增长极核不远，却由于受到各种原因的限制而收不到增长极核发出的"扩散波"。此外，在实践中由于存在其他因素的影响，这种扩散很少能呈现出同心圆形状，多为不规则形态。

（2）城市边缘形态主要呈线形扩展。城市在发展过程中由于受到线形地形（河流、海岸、公路、铁路、山谷等）的约束，同时线形轴线又是两点之间最便捷的连接线，造成城市边缘形态向外扩展时沿线形扩展速度较快、效率较高。

（3）区域城镇体系形态的演变呈现出多变性。这种多变性常表现为城市的改造和更新，通过城市形态与功能的变化来体现。城市改造可分为形态型改造和功能型改造，前者主要包含旧城区建筑形态和总体布局的改变，后者主要指对不合理的用地类型进行优化，以提升城市功能和土地利用效率，两种改造通常交织在一起，造成城市的功能和形态在区域城镇体系中发生变化。

2.2.4 城市空间扩展典型模式

扩展模式主要包含扩展方式和扩展形态两个方面的内容，不同城市由于地理位置、自然条件和城市功能定位的差异，在不同发展阶段表现出不同的扩展模式。一般而言，在城市初期阶段，因总体规模较小，城市空间呈现团块状；在城市发展阶段，因为建设规模的扩大，各项功能在空间布局上趋于分散；在城市成熟稳定阶段，主要进行功能补充、老旧改造和布局优化。按照新生成的扩展区与原有城区在空间上的相对位置关系，可将城市空间扩展的模式分为外延式、跳跃式和内填改造式三大类型。

2.2.4.1 外延式扩展

城市空间的外延式扩展指以原有城区为依托、向外连续扩展的方式。在经济发展过程中，城市对经济资源的集聚效应使其在进行新的土地开发时优先从邻近地区开始。同时，中心城区在向外转移产业或选址兴建功能区的过程中，也会首先选择周边地区，如此综合作用，使城市从小到大，空间逐次向外延伸。如图 2 - 2 所示，常见的外延式扩展包含圈层式扩展、轴向连续扩展和星状扩展等典型形态。

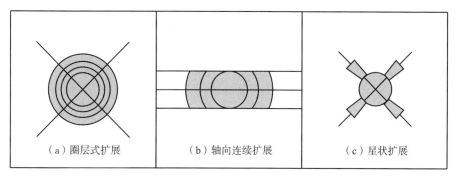

| （a）圈层式扩展 | （b）轴向连续扩展 | （c）星状扩展 |

图 2 - 2 城市空间外延式扩展典型形态

（1）圈层式扩展。

在圈层式扩展模式下，城市空间像年轮一样逐圈向外扩张。目前，我国城市在实际扩展过程中，通常顺序是先将学校、工厂等迁往城市边缘区，随后公共建筑和售价相对低廉的居民区陆续建成，人口密度上升以后，各种商业配套设施会自动跟进，于是城市边缘区逐步演变为功能配套齐全的新城区，并与原有城区连成一片。若干年后，新城区的学校、工厂等单位又会被挤到新的城市边缘区，城市就在如此往复的过程中逐渐膨胀。新中国成立以来，北京市的城市扩展呈现出明显的圈层式特征，逐层向外建设环形封闭道路，并以此为城市规划和城市管理的基准线，各环形道路之间的空隙被迅速填实，城市建成区呈"摊大饼"式扩张（熊国平，2006）。采用这种扩展模式的基本条件之一是城市必须处于平原地区，四周土地连续、平整，城市规划较少受到地形、地貌的限制。圈层式扩展模式紧凑度高，能较好地发挥集聚效应。但城市规模发展到一定程度之后，会引起一系列问题，如通勤距离增大、交通堵塞加剧、城市中心过度拥挤、城市功能紊乱等等。

（2）轴向连续扩展。

在轴向连续扩展模式下，城市功能沿特定轴线集中渐进扩展。采用这种扩展模式的城市，一般是由于城市发展受到了自然条件的限制（如海岸线、河流、山谷等），城市空间沿这些线形地形扩展的成本最低。此外，沿着主要交通走廊（地铁、轻轨、高速公路、城市快速路等）进行扩展也可以获得更高的效率，沿线布置各类设施，逐渐形成带状城市空间。采用轴向连续扩展模式的典型城市有沿黄河河谷扩展的甘肃省兰州市、沿藉河河谷扩展的甘肃省天水市等。

（3）星状扩展。

如果一座城市拥有多条放射状交通轴线，在它们同时作用下，城市的空间发展就会表现为星状扩展模式。交通轴线两侧的经济潜力会促进城市沿轴线扩展，已有的星状城市也大多是原先块状城市同时沿多条交通轴线扩展而来。比较有前瞻性的现代城市规划通常会以大容量交通方式（地铁、轻轨等）的预先建设来促进城市扩展，从而缓解团块状城市空间结构所带来的人口和交通拥挤。星状扩展具有以下优点：能集中有限财力；充分利用干线交通设施；以快速交通走廊来促进新区建设；通过使城市定向发展来提升建设效率；能有效避免城市无序蔓延；有利于形成开放式的城市空间结构；能保留大量的绿地用于改善城市的生态环境和市民的生活品质。丹麦首都哥本哈根是典型的"星状"城市，其先进的城市发展理念正在被诸多城市效仿。

2.2.4.2　跳跃式扩展

从空间上看，跳跃式扩展是一种不连续的扩展方式，因而又被称为飞地式扩展。当城市规模发展到一定程度时，传统的连续式扩展方式由于受到种种限制而无法满足城市继续发展的需求，因而可以考虑在与现有城区不直接相邻的附近地区拓展新的城市空间。这种不连续的土地开发与建设方式必然会使城市空间形态发生显著变化，衍生出组团、组合、或带状的城市形态。

一般而言，采用跳跃式扩展模式需要具备一定的前提条件，即城市已经发展
到了相当大的规模且经济依然迅速增长，需要通过跳跃式扩展——另建新区
来集中释放快速发展的动能，而新区的建设又可以为城市提供充足的发展空
间，支撑其持续快速发展。如图 2－3 所示，跳跃式扩展主要包含卫星城扩
展、组团网络扩展和轴向飞地扩展三种典型形态。

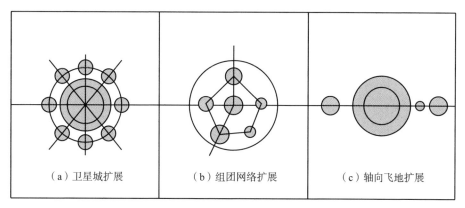

（a）卫星城扩展　　　　（b）组团网络扩展　　　　（c）轴向飞地扩展

图 2－3　城市空间跳跃式扩展典型形态

（1）卫星城扩展。

卫星城是指在大城市外围重新建设功能相对完善的中小城镇，它是现代
城市发展到一定水平和规模的产物。这种在不相邻区域建设卫星城的跳跃式
扩展模式，有时是为了主动对母城进行疏解，防止其过度扩张，有时是为了
被动满足一些大型项目的特殊要求，例如，"大学城"建设对大片土地的要
求、"物流园"建设对交通区位的要求、保税区建设对港口的要求等等。总
体而言，为大城市规划建设卫星城，有利于疏散其过于集中的人口和产业，
通过发挥"反磁力作用"来缓解大城市过度扩张。卫星城虽然在空间上具有
一定的独立性，但其在经济、社会、管理等各方面都要依赖于母城，卫星城
与母城之间一般有非常便捷的交通联系。

上海市是我国最早规划建设卫星城的城市，早在 20 世纪 50 年代，上海
市就在其城市规划中明确提出要建设吴淞、安亭、嘉定、松江、吴泾、闵行
等卫星城。70 年代为了配合石油化工总厂的建设，上海市又发展了金山卫星

城，各项配套设施齐全，取得了良好的效果。

（2）组团网络扩展。

组团网络是一种特殊的城市结构，即城市的多项功能分别由对应的组团来承载，组团之间交通便利，组团间和组团外是大面积的自然生态用地。这种组团式的城市结构不仅能有效缓解大城市规模过大、无序蔓延的问题，还能兼顾到城市居民亲近自然、提升生活品质的需求。组团网络的形成并不一定都是主动规划的结果，有时是因为城市的扩展受到了附近地形条件（河流、山体）的限制，宜扩区不足以被建设成为一个功能完备的新城，此时采用跳跃式的组团网络扩展就是一个现实的选择，而且在环境保护诉求日益强烈的今天，组团结构因能同时兼顾经济发展与生态环境之间的关系而受到更多城市的关注，如四川省乐山市等。

随着经济的不断发展，城市规模随之增大，离心力也越来越强。信息化时代的到来和各种现代化沟通方式的普及使城市分散、扩散的趋势日益明显，为组团网络扩展创造了条件，借助现代化的通信、交通网络，城市各组团之间能够克服地理隔阂的限制，共同承载城市各项功能的运行。组团网络结构具有开放式网络结构的特征，各组团之间只是所承担的功能有所区别，但相对地位是平等的，在这一点上显著有别于卫星城扩展模式和轴向飞地扩展模式。

（3）轴向飞地扩展。

在轴向飞地扩展模式下，城市空间不再是连续蔓延，而是以明确的交通轴线为导向，沿线以相互独立的"串珠"形式生长，最终形成带状城市格局。该扩展模式主要有两种应用情形，一种是为了缓解中心城区规模过度扩张，将其部分职能疏解到新城区；另一种是在城市发展轴线上原本就存在具备一定经济基础的小城镇或居民点，发展到一定规模之后主动承担中心城市的某项职能，从而演变成一座卫星城，经济加速发展。如果这些飞地的经济发展和规模扩大趋势能够长期保持，它们相互之间的轴向间隙将会被逐步填充，从而使轴向飞地扩展逐渐演变为轴向连续扩展，各卫星城会升级为相互衔接的城市副中心，最终形成人口密集的城市连绵带（董雯等，2006）。

2.2.4.3 内填改造扩展

除了上述外延式扩展和跳跃式扩展之外,城市在发展过程中常伴随有内填改造扩展。与其他扩展模式不同,内填改造式扩展主要发生在城市内部,是以提升土地利用效率和优化城市功能结构为目的的主动优化。在该模式下,随着对土地的腾退和填充,原有低附加值土地利用活动被升级为高附加值土地利用活动,具体表现形式有:滚动进行旧居住区改造和工业用地置换;出于环保目的对目标区域所承载的部分城市功能进行关停或转型;将不符合最新城市功能规划的产业整体搬迁至郊区产业园等。内填式改造并不仅限于平面空间,也有立体改造形式,例如,增大建筑容积率、修建地下公用设施等。总体而言,城市采用内填改造扩展模式,不仅可以提高中心城区的土地利用强度,还能显著提高土地利用效益。

以上是三种城市空间扩展主要方式的过程和特点,为了使概念更加明晰,现在分别从区域层次、城市层次和街区层次对其进行归纳和对比,结果如表 2 - 1 所示。

表 2 - 1 城市空间扩展主要方式特征对比

层次	主要扩展方式	扩展对象	主要作用
区域层次	跳跃式扩展	新城区、卫星城、工业镇等	培育新增长极、缓解区域发展不平衡
城市层次	外延式扩展	城市边缘地带	拓展新的城市发展空间
街区层次	内填改造扩展	旧工业区、旧居民区等	提升城市空间使用效率

2.3 本章小结

学者们提出、发展并应用"点 - 轴系统"理论,主要目的在于以该理论为指导来对区域内社会经济客体进行组织,从而为区域经济发展寻找最优空间结构。"点 - 轴系统"发展模式主要具有以下作用:

(1)顺应了区域内社会经济客体在空间上集聚成点、从而发挥集聚效应

的客观要求;

（2）可以充分利用区域内各级中心城镇的引领带动作用;

（3）可以实现经济活动布局与线状基础设施在空间上的最佳组合;

（4）以该模式来规划区域经济发展有利于增强各级中心城镇之间、城乡之间的经济联系;

（5）可以使区域战略与全局战略有机结合,在更大范围内提升资源配置的效率和组织管理水平。

根据城市空间扩展理论,随着经济的不断发展,城市空间必然会逐步向外扩展,并且在实践中主要存在外延式、跳跃式和内填改造式三种典型扩展模式。这三种模式各具特点,但在特定的城市中又彼此相互关联。城市在不同的发展阶段和发展条件下会表现出截然不同的空间扩展形态,其中最重要的影响因素之一就是城市规模。一般而言,中小城市主要以外延式扩展为主,内填改造扩展为辅;大城市或特大城市因规模过大,城市发展已经受到了周边地形地貌的掣肘,一般不会继续采用外延式扩展,而是以跳跃式扩展为主,并加强精细化的内填改造扩展。随着城市功能日益多样化、结构日益复杂化,城市内外空间的联系和互动也呈现出多元化特征,在综合权衡各方面的影响因素后,在不同阶段、不同局部交替使用不同的模式进行城市空间扩展。

| 第 3 章 |

国内外研究综述与评价

3.1 国内外"点-轴系统"研究综述与评价

3.1.1 国外"点-轴系统"研究综述

"点-轴系统"理论最早由我国中科院地理所陆大道院士提出,该理论与农业区划理论一道被誉为我国人文地理领域具有标志性意义和突出贡献的两大应用性成果(陆玉麒,2002)。然而,我们还必须认识到,作为一项具有广泛影响力的区域经济理论,"点-轴系统"理论的提出并不是一蹴而就的,而是在诸多经典、成熟的区域经济学理论基础上做的进一步升华。通过"点-轴系统"理论的内涵我们可以看出,它与西方学者提出的中心地、增长极、生长轴等理论存在学理渊源（陆大道，2002）。对这些理论的基本思想作一个简单的阐述和归纳，有助于我们更好的理解和应用"点 – 轴系统"理论。

（1）中心地理论。中心地理论由德国学者瓦特·克里斯特勒（Walter Christallery）于 1933 年在其著作《德国南部中心地》中首次提出，该书不仅详细阐述了中心地理论的理论框架和逻辑结构，还讨论了如何在特定区域空间内构建合理的城市等级体系，并指出了按照规模大小把城市分为不同等级的必要性。此外，该书在地理经济学界首次提出了"空间集聚"和"空间扩散"概念，并对其运动规律进行了总结，中心地理论的基本思想构成了"点 – 轴系统"理论的重要基石。

（2）增长极理论。增长极理论最早由法国经济学家弗朗索瓦·佩鲁（Francois Perroux）于 1950 年提出（Perroux，1950）。该理论最开始被用来分析少数"关键产业"与多数"关联产业"之间如何通过联系效应和乘数效应发生关联。随后，法国经济学家布代维尔（Boudeville）将增长极概念与地理空间概念相结合，使其逐步演变为一种主动促使区域经济不平衡发展的区域经济战略理论（Boudeville，1968）。增长极理论认为，经济增长并不以均等的机会同时出现在区域内任何地方，而是首先出现在具备一定条件的增长点或增长极上，到达一定强度之后就会以不同方式和渠道向周围扩散，进而对整个区域经济造成影响（佩鲁，1988）。增长极通过对周围地区发挥极化效应和扩散效应，能在一定程度上带动整个区域经济的发展，因而是区域经济的核心。在经济发展初期，增长极对周边地区主要发挥极化作用，随着经济的发展以及自身各项实力的增强，辐射能力逐渐提高，对周边地区的扩散效应也随之增强。"点 – 轴系统"理论中的"点"（各级中心城市）即为区域经济的增长极，由此可见，增长极理论的诞生和发展为"点 – 轴系统"理论的提出做了重大理论铺垫。

（3）生长轴理论。生长轴理论最早由德国经济学家沃勒·松巴特（Werner Sombart）于 1951 年提出。该理论认为，随着区域内重要交通干线的建立，从各主要中心城市引出的交通干线沿线地区将获得区位优势，在集聚效应的作用下其生产成本会逐渐降低，从而吸引更多的人口和产业向此地区聚集，最终从交通经济带演变为人口、产业密集带（Sombart，1951）。需要注意的是，如图 3-1 所示，并非交通干线沿线所有地区都会均等获得要素集聚的机会，而是需要原本就存在一个具备基本条件的生长点（或利用行政力量人为设定一个生长点），沿着交通干线从中心城市扩散出来的要素围绕这个生长点重新聚集，经济活动强度不断提升，如同城市沿着轴线不断生长。

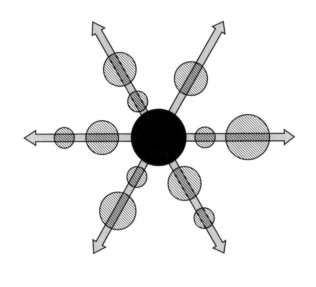

图 3-1　中心城市沿轴线生长

"点-轴"结构中"轴"的具体含义就是从中心城市引出的生长轴，由此可见，与前面介绍的增长极理论一样，生长轴理论也是"点-轴系统"理论的思想源泉。除上述三种理论之外，古典区位理论、空间扩散论也在整体框架或局部细节上为"点-轴系统"理论提供了支撑。

3.1.2 国内"点–轴系统"研究综述

3.1.2.1 时代背景

"点–轴系统"理论由我国经济地理学家陆大道于 1984 年首次提出，到现在已经有三十多年的发展历程，在此期间，随着改革开放的不断扩大和深入，我国的经济社会面貌也发生了翻天覆地的变化。然而，任何理论的诞生都无法摆脱特定时代的烙印，"点–轴系统"理论的形成也与新中国成立之后的国内外环境存在密切关联。为了对该理论有更准确、更全面的理解，本书接下来将简要阐述其诞生的时代背景。

新中国成立以后，我国仿照苏联逐步建立了计划经济体制，并按照其"地域生产综合体"理论来进行国土发展规划和产业布局，于是 20 世纪 50 年代开始建设的一批重点骨干项目主要都分布在中西部地区，并在同样的指导思想下进行了跨越 60 年代和 70 年代的"三线建设"，缩小了其与东部沿海地区的差距。从经济角度而言，这种规划布局并不符合我国当时的总体国情和经济发展客观规律，导致经济建设重心和人口分布重心相偏离，经济建设效率低下。

20 世纪 70 年代末，随着我国开始改革开放，经济建设重心从中西部内陆地区转移到东部沿海地区。从国际环境看，西方主要工业国家从 20 世纪 70 年代开始大规模向外转移资本和产业，由于我国当时正处于改革开放初期，东部沿海地区不仅拥有人口红利和政策红利，还拥有巨大的地理区位优势，因而吸引到了大量的国际资本和跨国产业转移。从国内环境看，经过近代以来一百多年的积累，东部沿海地区比中西部内陆地区有更好的各项软硬条件，包括基础设施、贸易人才、对外开放氛围等，于是迅速成为国内经济率先起飞的地区。在当时的情形下，通过重点建设若干沿海地区的中心城市（点），再规划出合理的资源扩散路径（轴），既可以充分发挥集聚效应加快沿海地区的发展，又可以在随后通过扩散效应带动中西部地区发展。

"点–轴系统"理论的提出正是基于上述时代背景，该理论既考虑了我国东部与西部发展差距日益增大导致的地区利益冲突，又结合了我国的地理基础和基本国情，因此该理论所主张的"点－轴式渐进扩散"发展道路成为一个现实的选择。

3.1.2.2 演进历程

同其他经典理论一样，"点－轴系统"理论从基本概念的提出到初步形成理论体系，也经历了一个相当长的过程。本书系统梳理了"点－轴系统"理论首创者陆大道先生1984年以来的学术成果，并以之为主要脉络将"点－轴系统"理论的演进历程分为以下三个阶段：

（1）理论提出阶段（1984～1986年）。

1984年10月，全国经济地理学术讨论会在乌鲁木齐召开，陆大道在会上做了关于"2000年以前我国总体工业布局"的报告，并将报告内容形成正式文本公开发表（陆大道，1986）。随后，陆大道还发表了两篇相关论文，分别是1985年的《工业点轴开发与长江流域经济发展》和1986年的《潜力理论与点轴系统》，在这些文献的阐述过程中，陆大道初步提出了"T型空间结构模式"和"点－轴系统"的原始理论框架，但更多的只是形式上的描述，并未对其内在的理论基础、科学依据和形成机制展开深入阐述，因而略显单薄。

（2）理论发展阶段（1997～2002年）。

理论提出以后，陆大道先后发表了一系列专著和论文，从不同角度对"点－轴系统"理论进行完善。其中专著有1988年的《区位论及区域研究方法》、1990年的《中国工业布局理论实践》和1995年的《区域发展及其空间结构》；论文有1987年的《我国区域开发宏观战略》、2001年的《论区域最佳结构与最佳发展》和2002年的《"点－轴"空间结构形成机理分析》等。这些文献详细阐述了"点－轴系统"的科学基础、形成过程、发展阶段、形成机理等内容，还讨论了位置级差地租、区域可达性等因素对区域经济发展造成的影响以及经济社会在不同发展阶段的空间结构特征等。随着这些理论成果的形成和发表，"点－轴系统"脉络日益清晰并拥有了一定理论纵深，开始形成理论体系。

（3）理论成熟阶段（2003年）。

在2003年，陆大道先后公开发表了《中国西部开发重点规划前期研究》和《中国区域发展理论与实践》等学术成果，对1984年以来的"点-轴系统"相关研究做了概括与总结，标志着"点-轴系统"理论体系的成熟。

3.1.2.3 理论拓展

"点-轴系统"理论及其包含的"T型结构"提出以后，受到学术界和政府部门的广泛关注，很多学者以此为基础进行了更深入的理论探索，深化并丰富了"点-轴系统"理论的内涵。在该理论衍生出诸多分支中，比较有影响力的有轴线区域开发模式、双核结构模式和网络开发模式，下面将分别作简要阐述。

（1）轴线区域开发模式。

陆大道最初列举的"T型结构"仅包含沿海和沿长江两条国家一级开发轴线和数量有限的二级开发轴线，然而我国幅员辽阔，很多地区并未涉及，例如，东北地区、西北地区、西南地区、长江至陇海铁路之间地区、珠江流域地区等等。因此，很多学者以"点-轴系统"为基础，结合各地区特有的地理状况和经济基础，提出了一系列轴线区域开发模式。主要有："π"字形模式（晏学峰，1986）、"弗"字形模式（杨承训，1990）、"目"字形模式（张伦，1992）、菱形模式（刘宪法，1997）等。

在上述轴线区域开发模式中，刘宪法的菱形模式比较典型，该模式的核心主张是：在区域内规划若干个增长极，建立以主要公路、水路、铁路干线为纽带的区域经济空间，逐步采取"点状跳跃"的模式，打造菱形网络式经济发展格局（刘宪法，1997）。具体而言，该模式主张将上海、广深、成渝、京津、武汉分别作为东、南、西、北、中部地区的增长极，构成菱形网络。与"点-轴系统"相比，菱形模式更加强调核心城市作为区域增长极的集聚作用和扩散作用，是"点-轴系统"结合区域实际情况的产物，本质上仍属于"点-轴系统"的外延。

（2）双核结构模式。

双核结构是指由省域中心城市、区域港口（海港、河港）城市及其连接线三者构成的一种区域经济结构模式（陆玉麒，1998）。在实际应用中，区域内的发展轴不能是抽象的，必须要有明确的起点和终点，因此，发展轴两边端点的选取就决定了相应的空间格局。在省域中心城市之外加入港口城市或边界城市构成起止明确发展轴，是对"点－轴系统"模式的深化和拓展。

与"点－轴模式"相比，双核结构模式有以下主要特点：双核结构模式更强调"点"的作用，其重要程度高于"轴"，先有"点"后有"轴"；"点－轴"模式中的轴是放射状的，只有一个端点，而在双核结构模式下两个端点都是明确的，且两个端点城市的功能定位截然不同，所以能够通过空间耦合来带动中间沿线地区的发展；与"点－轴"模式的普遍适用性相比，双核结构模式专注于拥有港口、且港口城市不是省域中心城市的地区，因而对我国沿海和沿江地区的经济开发具有一定的参考价值。

（3）网络开发模式。

网络开发模式是以"点－轴系统"理论为基础，结合增长极理论的部分主张而提出的一种系统性区域开发阶段论。该理论的核心主张是：特定地区应该根据其区域类型和所处发展阶段的不同而采取不同的空间组织形式和区域开发方式。具体而言，落后地区适宜采用点开发模式、中等地区适宜采用点轴开发模式、相对发达地区适宜采用网络开发模式。任意地区的经济开发总是从一些孤立的点开始，其经济活动到达一定强度之后就开始沿若干轴线在空间上向外延伸，孤立的点之间相互作用并联结成轴线，纵横交错的轴线最终"编织"出经济网络（魏后凯，1990）。网络开发模式本质上是"点－轴系统"理论的一种表现形式，是在应用层面的进一步发展，两者没有本质区别。

3.1.3　国内外"点－轴系统"研究评价

陆大道提出的"点－轴系统"理论与"中心地理论""增长极理论""城市生长理论"有着紧密的理论渊源关系，是在上述三大理论核心思想的基础上结合我国国情进行的一次重大理论创新。为了使它们之间的联系和区别更加清晰，本书将它们之间的异同点做了简要的归纳总结，结果如表 3－1所示。

表 3 – 1　　　　　　　　　"点 – 轴系统"理论与其基础理论的比较

比较对象	相同点	不同点
中心地理论	①描述社会经济客体的集聚和扩散 ②等级关系相同	内容与应用目标不同，中心地理论强调城市规模和等级，"轴"是外生变量，宜用于城市规划；"点 – 轴系统"研究空间结构，"轴"为内生变量，宜用于国土规划开发
增长极理论	①强调点（增长极）的作用 ②先在点集聚，后沿轴扩散	增长极理论强调"极"的作用，适用于高度工业化社会；"点 – 轴系统"理论更强调区域总体发展目标，适用于各种社会发展阶段
生长轴理论	①强调轴的作用 ②强调扩散的过程	生长轴理论强调"轴"的作用，对"点"的定位模糊；"点 – 轴系统"理论以线串点，强调点线结合

除了以上对经典理论的继承和突破之外，"点 – 轴系统"理论的创新性还体现在它对区域可达性的深入研究。区域可达性指社会经济客体（区域、城市、点状基础设施）与外界之间进行物质、能量、信息、人员交流的便捷程度，是影响区域发展的决定性因素之一，提高特定地区的区域可达性是促进其经济发展的必要措施。"区域可达性"概念的提出，对构建"点 – 轴"结构至关重要。按照平常的惯性思维，要提高某地区的区域可达性只需建立或增加与外界的交通连接线即可，但当目标区域是由一系列分散点构成时，这项工作就会变得非常困难。此时必须采用"点 – 轴系统"模式，在区域内不同层级设立核心中转节点，并加强目标区域与外界之间主交通轴的建设，才能最有效率地提升整个地区的区域可达性。因此，"点 – 轴系统"理论对"区域可达性"概念的独特研究，显著增强了该理论的科学性和说服力。

3.2　国内外城市空间扩展研究综述与评价

3.2.1　国外城市空间扩展研究综述

西方国家从 18 世纪开始的工业化进程极大促进了城市的发展，不仅数量迅速增多，规模也快速扩大，给经济社会各方面都带来了显著的影响，同时也开启了各领域学者对城市空间扩展问题的研究。总体而言，可将其分为起步阶段、发展阶段和现代阶段：

3.2.1.1 起步阶段（18 世纪~20 世纪 40 年代）

工业革命所引发的城市化进程，迅速瓦解了西方国家传统的以作坊经济为核心的城市空间格局，并催生出大片的工业区和工人集中居住区，使城市空间结构日益复杂化，并引起了各领域学者对城市空间变化的研究。这一时期的研究侧重于描述和解释城市的形成机制，主要成果有：

（1）在城市土地经济领域。1903 年，赫德（Hurd）在《城市土地价值原理》一书中将城市土地与生产理论相结合，分析城市内经济活动的选址与地租水平之间的关系，由此建立了最早的城市空间结构模型；1925 年，哈尔（Hale）提出了地租决定论，系统性阐述了城市地租对经济活动造成的影响；1949 年，拉克里夫（Ratcliff）在《城市土地经济学》一书中提出了逐层分化的城市土地利用模型，该书从全局视角总结了城市内部土地的利用方式和过程，并对不同区块间地租差异所带来的影响进行了论证，为城市的土地利用规划提供了理论依据。

（2）在城市区位研究领域。德国学者罗塞尔（Roscher）于 1868 年首次提出"区位"概念，揭示了为生产经营便利而进行空间、场所选择的必要性；1933 年，德国学者克里斯勒（Chirstaller）在《德国南部中心地》一书中首次提出"中心地理论"，强调了城市规模和等级对引领区域经济发展的重要性，为区域规划和城市规划提供了重要理论依据；1936 年，德国地理学家路易斯（Luis）通过对柏林城市的研究，首次提出"城市边缘带"，将人们的研究视角扩大到城市边缘地区；1936 年，霍特（Hoyt）发展了由赫德（Hurd）于 1924 年提出的"扇形理论"，认为城市空间总是沿着"最小阻碍路线"向外延伸，如由城市中心向外引出的交通干线等，首次强调了交通干线对于城市功能的重要支撑作用；1945 年，美国地理学家哈里斯（Harris）和乌尔曼（Ullman）首次提出城市的多核心模式，他们认为城市规模的扩大必然会导致城市核心的分化，并且除了规模因素之外，交通区位、资源集聚、地价租金、历史习惯等因素也可能会导致多核心的形成。

（3）在城市规划设计领域。1882年，马塔（Mata）提出"带形城市"概念，主张城市空间格局应沿着交通干线呈带状分布，这是学术界首次对城市空间的扩展形式进行阐述，具有重大的开创意义；1904年，卡尼尔（Carnier）提出工业城市理论，主张将城市内部空间按工业、商业、生活、居住等功能的不同进行分区，为今后各种类型的"城市分区论"开辟了道路；1922年，恩温（Unwin）首次提出"卫星城市"概念，即在过度拥挤的中心城市周边分散建立一些"半独立"的小城镇，并分担中心城市的某项特定功能，这项理论从20世纪末开始得到了广泛的应用；1929年，佩里（Perry）提出"邻里单位"设想，即建设一些大型的配套齐全的居民区，使居民可以就近满足大部分经济活动需求，从而缓解远距离交通所造成的城市拥挤，从今天的角度来看，这一诞生于90年前的理论具有非凡的前瞻性。在这一时期，还涌现出一批各国核心城市设计方案，其中比较典型的有格里芬（Griffin）的"生态堪培拉"方案、沙尔勒（Saarlnen）的"有机疏散赫尔辛基"方案、米尔汀（Miltin）的"斯大林格勒发展规划"、佩尔（Perret）的"勒阿佛尔工业城"方案等，这些方案各有侧重和特色，对以后的城市规划设计产生了深远的影响。

3.2.1.2 发展阶段（20世纪50年代~80年代后期）

第二次世界大战以后，西方国家着手进行经济重建，经济水平快速得到恢复，城市重新开始向外扩张，欧美学者对城市空间扩展的研究也有了新的发展趋势，从以往单纯的定性描述转为定量分析，由单个城市研究转为城市与所在区域关系的研究，从结构关系研究转为空间机制研究等，跟上一阶段相比在理论与实践方面都取得了实质性的突破。这一阶段的重要成果有：

（1）在城市定量研究领域。从20世纪50年代开始，以美国芝加哥大学为代表的学术界开创了用数学方法研究城市的潮流，收集数据、建立静态或动态模型对城市开展定量研究，其中比较有代表性的有德尔迪诺斯（Dendrinos）和马拉利（Mallally）的"空间结构动态随机模型"、阿兰（Allen）的"自组织模型"和泽曼（Zeeman）的"形态发生学模型"这三种。随后，劳尔斯（Lowryl）首次提出"都市模型"，该模型将人口、经济活动的空间分布情况以及土地使用情况进行重复迭代，模拟大都市的自我生长过程；沃尔森（Wilson）首次提出基于"最大熵"的"空间互作用"模型；托勒（Tobler）首次将元胞自动机方法（cellular automata，CA）引入到城市空间扩展领域的研究中，并模拟了美国底特律的城市快速扩张；布鲁克勒（Breueckner）建立"新古典单中心"模型来解释城市的蔓延，并认为其与城市人口、收入和农业用地租金等三大要素相关。

（2）在城市政治经济学领域。20 世纪 60 年代以后，世界分化为资本主义和社会主义两大阵营并严重对立，给这一时期包括城市空间扩展在内的很多研究都带来明显的意识形态的影响。有学者将其与马克思主义政治经济学相结合，形成"结构学派"，其主要观点是：传统新古典经济学的根本缺陷在于只从个体选址的角度来描述城市空间扩展过程，忽视了社会结构体系对个体所施加的重大影响；英国学者哈维（Harvery）在《社会正义与城市》（1973）一书中详细阐述了各种资本如何通过建造和使用城市建筑来获取剩余价值以实现资本积累，从理论上证实了资本主义体制下的城市空间扩展在本质上是受资本逐利的驱动；美国学者切克威（Checkoway）从类似的角度分析了二战以后美国主要城市扩张过程中的资本积累；克拉克（Clark）认为资本主义的组织方式导致劳动分工的地域差异，因而资本主义国家的城市空间构成实际上是资本主义生产中社会关系的具体体现；巴尔（Ball）认为城市向外扩张可以带来大量投资机会，并可在一定程度上缓解资本过度积累所带来的经济危机，主张在经济下行阶段加大对城市基建的投资力度以刺激经济增长，为城市经济调控奠定了理论基础。

（3）在社会规划设计领域。1963 年，塔夫（Taffe）首次提出中央商务区概念（central business district，CBD），认为理想的城市内部结构应由中央商务区、中央边缘区、中间区、边缘区和近郊区等五个部分组成，为后来世界范围内遍地开花的 CBD 建设提供了最初的理论依据；霍尔（Hall）和弗里德曼（Friedmann）先后提出发展了"世界城市假说"（world city hypothesis），跳出单一个体的局限，研究国际经济格局对世界主要城市的发展所带来的影响；1975 年，鲁斯姆（Russwurm）也将视野拓展到城市外围，在《城市边缘区和城市影响区》一书中首次将"城市影响区"也纳入现代城市的结构体系；亨迪（Hendy）的《城市空间》和林奇（Lynch）的《城市环境》等作品侧重分析了人类行为对城市空间和实体环境所造成的影响；帕斯卡（Pascal）畅想了城市的终极形态，认为随着城市规模扩张到极限，城市中心必将走向衰落，并预言未来的大都市地区将由"衰落的中心城市"、城市内郊区、城市外郊区和城市边缘区等四个部分构成。与此同时，这一时期也诞生了一系列经典的城市设计案例，主要有 1951 年法国学者科布赛尔（Corbusier）为印度第七大城市昌迪加尔设计的整体城市规划、1960 年日本学者丹下健三的东京规划、1966 年的德国"莱茵—鲁尔城市带"规划、1973 年的莫斯科地区规划等。

3.2.1.3　现代阶段（20 世纪 90 年代至今）

20 世纪 90 年代以来，随着两大阵营对立局面的瓦解，经济全球化加速发展。信息技术革命不仅改变了人们传递信息的方式，同时也改变了人们对世界的认知方式，并引起了城市功能的转变。与此同时，随着生态环境的恶化和部分资源趋于枯竭，可持续发展的理念在世界范围内日益深入人心。因此，现代阶段的城市空间扩展研究所受到的三个最主要的影响因素分别为：经济全球化、现代信息技术和城市环境保护。相关领域的重要研究成果有：

（1）经济全球化领域。在经济全球化背景下，跨国企业开始在世界经济中占据主导地位并推动新一轮的国际劳动分工，重塑了世界经济格局，各类城市迎来更多的发展机会和更大的竞争压力，为此，对全球主要城市发展的研究广泛开展。费舍尔（Fishman）、高桥伸夫、弗里德曼（Friedmann）、阿提克森（Atkinson）等学者分别以各自国家的核心城市为研究样本，创立并发展了"世界连绵城市理论"；撒森（Sassen）则开创了全球化背景下世界城市体系研究的先河；卡雷（McCarley）、哈姆迪（Hamidi）通过研究各城市之间"形态流"和"功能流"的连接关系，阐述了世界主要城市之间的互动传导机制；随着各个国家的城市被拿来进行横向比较，不同的城市空间扩展模式也先后被总结出来，迪尔曼（Dieleman）归纳出三种城市空间增长类型，分别为紧凑型（compact）、廊道型（corridor）和多节点型（multi-nodal）；罗伯托

（Roberto）总结出五种城市用地空间扩展类型，分别为外延型（extension）、填充型（infilling）、蔓延型（sprwal）、线性扩展型（linear development）和重大项目型（large-scale projects）。

（2）现代信息技术应用领域。加拿大滑铁卢大学教授戴德曼（Peter Deadman）利用 CA（cellular automata，元胞自动机）技术来模拟安大略地区乡村居民点的形成过程和扩散模式，模拟结果比较符合实际；布克（Book）利用逾渗模型模拟柏林城市空间动态发展，取得了良好的效果；罗佩卡瓦（Lopezcalva）同样利用 CA 模型，并依据城市历史、地形地貌等客观条件来设置模型参数，对美国主要都市区的城市空间进行动态模拟和预测，并获得了成功。从此，CA 模型、DLA 模型（discriminative locality alignment，扩散限制凝聚）、逾渗模型等离散动力学模型逐渐成为模拟城市扩展的主流方法。

（3）在城市环境保护领域。面对现代城市无序扩张给环境带来的破坏性影响，布克勒（Brueckner）在《城市蔓延：诊断和治疗》一书中指出房地产开发商和城市边缘农业生产者之间的竞争结果决定了城市空间规模的大小，主张采取措施避免"市场失灵"；克拉布（Club）认为城市无序蔓延是规划的失败，主张对城市空间扩展预先进行精确规划，并对过程进行严格管制；欧登（Olden）将城市的无序扩张比喻为类似恶性肿瘤疯狂生长的病态过程，巴克雷（Buckley）、哈维（Harvey）、阿查尔（Acharya）等学者也持类似的负面看法，主张加强对城市内部及周边地区生态环境的保护；伊文（Ewing）系统性研究了城市无序蔓延所带来的各种负面后果，主要包括对公共交通、公共服务、市民健康、生态环境、土地资源等方面带来的影响。为了促进城市的健康可持续发展，在这一时期涌现出一系列基于环保理念的城市发展理论，其中比较典型的有精明增长（smart growth）理论、新城市主义（new urbanism）理论和紧凑城市（compact city）理论等，其中影响力最大是精明增长理论，该理论的核心目标是将城市发展与社会发展和区域生态环境保护有机融合，首次提出了 UGB（urban growth boundary，城市增长边界）、TOD（transit-oriented development，公共交通导向发展）等操作层面的概念，受到广泛的认同（李强等，2005）。

3.2.2 国内城市空间扩展研究综述

由于我国的城镇化进程起步较晚，因而国内学者对城市空间扩展问题的研究也晚于欧美学者。随着改革开放的不断深入和经济的持续快速发展，城镇数量和城市规模显著提升，拥有地理学、建筑学、城市规划学等学科背景的学者纷纷开始对城市空间的研究。到了20世纪90年代中期，研究对象逐渐从静态的城市空间结构转为动态的城市空间扩展，内容也日益广泛。进入21世纪以后，随着各种新方法、新技术、新理念的诞生，学者们开始从影响因素、扩展机制、扩展模式、建议对策等各个角度来对城市空间扩展问题展开研究（吴启焰，2001）。

3.2.2.1 起步阶段（1978～1995年）

随着改革开放的不断扩大和深入，城市的供地制度不再是原先无偿行政划拨的计划制度，市场因素开始发挥主导作用，使土地作为城市空间载体的经济价值被逐步体现出来。在土地级差地租的作用下，城市空间结构也开始发生急剧转变。虽然这一时期学者们的研究对象更多局限于静态的城市空间结构，但也为下一阶段与"扩展"相关的研究打下了基础。这一时期的学术成果主要体现在以下几个方面：

（1）对中国古代城市的研究。通过梳理各种档案和史料，对我国古代城市的平面结构、发育机制、城市功能等方面的内容做了较为全面的总结。主要成果有董鉴泓的《中国城市建设史》（1982年）、杨宽的《中国古代都城制度史》（1985年）、傅崇兰的《中国运河城市史》（1985年）和叶骁军的《中国都城发展史》（1987年）等。

（2）对中国和世界近现代城市空间结构的研究。吴良镛的《历史文化名城的规划和结构》（1983年）、陶松龄的《城市问题与城市结构》（1987年）、朱锡金的《城市结构活性》（1987年）与邹德慈的《汽车时代的空间结构》（1987年）从世界主要城市的发展过程中探讨总结共性规律，以便能为中国城市的建设提供参考；杨吾扬在《论城市的地域结构》（1989年）一书中总结地域结构的演变规律，并提出同心圆式、分散集团式和多层向心式等三种城市地域结构模式；涂人猛（1990）通过对武汉城市周边地区的研究，系统阐述了城市边缘区的特征；赵远宽（1992）从北京城市边缘区入手，研究其空间结构特征以及与城市中心区的互动规律。上述研究成果都体现了学者们对城市空间结构的关注，为下一阶段研究城市空间结构的表现方式和推动机制奠定了基础。

3.2.2.2 发展阶段（1995～2000 年）

1995 年以后，国内学者对城市空间的研究侧重开始从之前静态的结构描述转为动态的城市变化，研究成果中开始出现"增长""扩展""扩散"等侧重点。这一时期的研究成果主要体现在对城市空间扩展的关注和研究方法的变化。分别如下：

（1）城市空间扩展研究。黄亚平（1995）归纳出城市空间扩展的四种推动力，分别为人口增长动力、经济发展动力、土地市场作用力和基础设施发展动力；杨荣南（1997）同样着眼于城市空间扩展动力机制，从经济发展、居民生活、交通建设、自然环境和政策规划等多因素出发，按照扩展目标和城市主体之间的相对位置关系，对城市空间扩展的模式进行了划分；胡兆量等（1994）根据第三、第四次人口普查数据，对北京城市内部的人口迁移情况进行对比研究，发现存在明显的"圈层结构"，即人口逐渐从内圈层向外圈层迁移，城市中心常住人口逐年下降；周春山（1994）利用同样的数据和方法对广州市城市人口的分布变动情况进行分析，得到与北京市类似的结果，并认为城市人口的向外迁移是推动城市不断扩展的重要力量；

（2）研究方法的变化。不同于上一阶段对城市结构的定性描述，在这一阶段国内学者开始借助数学模型来模拟城市动态发展的过程，与此同时，遥感地理信息的运用帮助研究人员以更直观的方式来分析城市的扩展。黎夏等（1997，1999）首先利用遥感监测数据来分析珠江三角洲地区的城市扩张，然后用 CA（元胞自动机）模型来对下一阶段的扩张进行模拟并取得了成功，为国内的城市规划者们提供了重要参考；陈美球（1999）运用遥感动态监测数据对江西南昌城镇用地的扩张进行了定量研究，取得了非常直观的研究成果。

3.2.2.3 成熟阶段（2000 年至今）

21 世纪初，中国的城镇人口数量首次超过农村人口数量，城镇化率超过 50%①，各种城市发展问题不断暴露也促使国内对城市空间扩展问题的研究进入成熟阶段。学者们的研究主要集中在驱动因素、扩展模式、研究方法三个层面，分别如下：

（1）城市空间扩展驱动因素研究。学者们通过实证研究发现，在现代社会，驱动各个城市空间不断扩展的因素基本相同，主要有经济因素、人口因素、交通因素、产业因素等，其中城市经济持续发展是推动城市空间不断扩展的根本驱动力。罗海江（2000）通过梳理历史文档，将 20 世纪上半叶北京市和天津市两座城市的空间扩展模式进行了对比，发现在它们在扩展速度和扩展方式上存在显著差异，研究结果表明这种差异是由二者城市性质和帝国主义国家对其投资政策的不同所导致；唐礼智（2007）将长三角地区与珠三角地区城市用地扩展过程进行对比，发现地区生产总值、地方财政收入、绿化覆盖面积、非农人口数量这四项指标对城市用地扩展有同向的促进作用，而城市的第三产业产值、实际利用外资金额这两项指标对城市用地扩展有反向抑制作用，扩展机制因城市规模、等级而异，并指出应通过合理调控人口规模来控制城市用地规模；王利伟等（2016）运用夜间灯光遥感数据来研究京津冀城市群的空间扩展驱动因素，研究发现市场力是主要驱动因子，随后依次为行政力、外向力、内源力，且各因子影响系数的变化趋势存在差异，其中市场力、行政力、外向力呈上升趋势，内源力呈下降趋势，并建议逐步减少行政干预，让市场力在城市空间扩展过程中发挥完全主导作用；邓瑞民（2018）通过对比分析广州市各辖区新增建设用地模式的差异来分析其驱动机制，结果发现排名前三的驱动因子依次为：到次级干道距离、到地铁线路距离、到主干道距离，从微观层面证实了城市空间优先沿各级交通轴线扩展。

（2）城市空间扩展模式研究。一般而言，对城市空间扩展模式的研究通常是对城市发展历史和现状的总结。邓团智（2004）从多个角度入手研究城

---

① 第六次全国人口普查数据。

市空间扩展模式，按照不同的划分方法得到不同的结果，即按照主导因素的不同可分为规划约束型、交通导向型和环境制约型，按照几何形态的不同可分为同心圆式扩展、星形扩展、线形扩展和散点式扩展，按非均衡法可分为沿轴线扩展、跳跃式扩展和低密度蔓延；毛蒋兴等（2005）系统性梳理了广州城市空间发展历程，发现在各个历史时期，广州市的基本格局分别为团状、星形、分散组团式、带状组团式和多组团半网络式；任启龙等（2017）运用卫星遥感影像和"城市年轮"模型对沈阳市在 1985～2015 年的城市格局扩展过程进行研究，发现在这期间，沈阳市的城市空间扩展模式先后经历了从圈层式扩展到沿高速公路放射状扩展、再到新城组团式扩展的转变，并对其内在机理进行了分析。

（3）城市空间扩展研究方法。随着各种数理研究的发展以及现代技术手段的升级，很多数理模型和现代科技被引入到城市空间扩展的研究中来，极大扩展了此领域研究的范围和深度。刘志晨等（2016）采用 CA（元胞自动机）模型与 ArcEngine 组建相结合的方法，编写软件来模拟城市空间扩展过程，同时将灰度局势决策、地理信息系统引入到软件中，并运用 GIS 系统来展示仿真结果，为区域土地利用规划提供依据；何力等（2017）运用"城市流"模型对 CA 模型进行改进，并以此对武汉城市圈未来的扩张过程进行模拟和预测，取得了比传统 Logistic-CA 模型更高的模拟精度，研究结果显示城市群内部的相互作用能显著影响城市群的扩张，且未来城市圈的扩张将主要集中在武汉市边缘地带；闫鹏飞等（2018）将 ENVI（environment for visualizing images，遥感图像处理平台）与 ArcGIS 软件的优点相结合，将哈尔滨城市不同时期的遥感图像进行比对分析，以研究其城市建成区的扩展进程，为城市空间扩展的研究新增了一种更简便直观的方法。

3.2.3 国内外城市空间扩展研究评价

3.2.3.1 国外研究评价

回顾 20 世纪初至今国外学者在城市空间扩展领域的研究，可以发现一个明显的趋势，即研究方法逐步从定性描述分析转为定量模型分析、从具体城市个案分析转为区域城市群实证分析、从单学科分散研究转为多学科综合研究，在很多细分领域都取得了重大突破，为规划、预防和控制城市空间扩展问题奠定了理论基础。目前仍然存在的不足主要有以下两个方面：

（1）缺乏协同性。

各领域学者对城市空间扩展问题的研究已持续一百多年，不同学科背景的学者对此问题的研究也各有侧重，虽然已经展现出学科交叉、融合发展的趋势，但总体上依然比较分散。具体而言，地理学家侧重于描述城市空间扩展的现象；经济学家侧重于分析城市空间扩展的机理；社会学家侧重于研究城市空间扩展所引发的社会问题；城市规划者们侧重于研究城市空间扩展的引导和控制方法；而环保主义者主要关注城市空间扩展对周边环境的影响。既然城市空间扩展是一个综合性的问题，就有必要对其开展跨学科的综合性研究。

（2）缺乏效果评价。

目前，来自不同领域的学者在面对城市空间扩展所带来的问题时，都从本学科的角度提出了诸多政策建议，有些得到了城市管理者的采纳和执行，但缺乏对政策效果的跟踪研究和评价，因而很难解决在该研究领域长期存在的各种争议。例如：一部分人认为城市是一种资源集约化的生活方式，城市的扩张有利于提升生产效率和生活品质，也更有利于整体的生态环境保护；然而另外一部分人认为，城市很难按照人们预设的方式扩张，已经破坏并将持续破坏生态环境、基本农田、自然风光、历史文化遗产等，对城市的持续扩张持负面看法。鉴于这种争议非常普遍，我们应该广泛收集数据、建立模型，对城市空间扩展现象及相关政策控制、引导政策所带来的影响进行跟踪和评估，从而为有关争议的评判提供理论依据。

3.2.3.2 国内研究评价

总体来看，国内学者对城市空间扩展问题的研究已经日臻完善，并取得了丰硕的理论成果。在研究内容上，学者们普遍注意理论与实践相结合，以指导城市建设规划、解决城市所面临的问题为导向，做了大量各具特色的个案研究，其中很多都具有较高的理论价值和实践指导意义；在研究方法上，学者们借鉴经济学、地理学、社会学、城市规划学、生态环境学等多个学科的研究方法和经验，从多个角度对城市空间扩展问题进行探索，拓宽了学术界的研究思路和城市管理者们的决策思路。尽管我国的城市化进程起步较晚，但城市化进程和相关理论的发展却非常快，大有赶超之势。然而，通过对相关研究成果的梳理，发现我们对城市空间扩展的研究还存在以下几点不足：

（1）研究内容不充分。

从研究内容来看，国内学者对城市空间扩展驱动因素和扩展过程的研究并不充分。虽然现有研究普遍认为经济和人口是城市空间扩展的主要驱动因素，但特定的交通区位、经济基础和政策因素也会产生巨大的影响。有些学者对我国的基本国情和治理体制了解不够充分，直接照搬国外的城市空间扩展经验，导致其研究成果缺乏可操作性。此外，对城市空间扩展的合理性评价也不够完善，导致各城市之间、各研究成果之间难以进行横向比较。

（2）研究方法不全面。

从研究方法看，大部分国内学者对城市空间扩展问题的视点比较单一，即要么是城市功能演变的研究，要么是城市空间形态变化的研究，要么是区域城市体系变化的研究，缺乏宏观理论和微观实践的具体结合。与此同时，各学科对城市空间扩展问题的研究多停留在定性层面，应加强新技术、新方法的应用，连续收集城市各项基础数据，并对城市自身的各项参数、环境、功能展开量化分析，以增强研究结果的科学性和说服力。

（3）研究地域不均衡。

从研究地域分布看，国内学者对城市空间扩展问题的研究多聚焦于经济相对发达的东部地区城市，对中西部城市则研究较少。中西部地区城镇化起步较晚、经济基础薄弱、生态环境脆弱，应该得到更多的关注，不仅可以为中西部城市的发展提供合理建议，还能充分借鉴东部地区城市扩展的经验和教训。

3.3 本章小结

"点-轴系统"理论是对中心地理论、增长极理论和生长轴理论的继承和发展,该理论的提出充分结合了我国改革开放初期的时代背景。20世纪80年代以来,对"点-轴系统"的研究主要可分为理论层面和应用层面。在理论层面上,学者们着眼于国家经济发展的全局,以"点-轴"结构为基础,衍生出了"π"字形模式、"弗"字形模式、"目"字形模式、菱形模式等;在应用层面,学者们提出了各种区域经济规划,如"汉长昌经济圈""昌九工业走廊"等。

从研究特征上看,国内外学者对城市空间扩展的研究主要可分为前期和后期两个阶段。前期的研究是"静态"的,重点在"空间",侧重于描述、归纳、总结城市的空间结构特征,分析其形成原因,并提出了一些理想的城市空间结构;后期的研究是"动态"的,重点在"扩展",研究城市的扩展规律及其影响,并提出针对性的建议以优化城市扩展方式。随着时间的推移,一些先进的数学模型和现代化的技术手段也被引入到该研究中来,可以对城市未来的发展进行直观的模拟和预测。

| 第 4 章 |

城市空间扩展典型案例解析

　　虽然本书的"跨城区"城市空间扩展模式是一项全新的理论应用实践，没有现实的案例可循，但是通过分析一些相近的案例，可以从中总结、提炼出一些经验和教训，为"跨城区"模式的建立和细化提供参考。深圳市是我国最年轻的大都市，也是改革开放的窗口，因为经济发展速度快、城市空间日益拥挤，深圳市在城市空间扩展上也进行了一系列卓有成效的探索，取得了一些可供参考的宝贵经验。

　　深汕特别合作区的前身为 2009 年广东省在汕尾市海丰县鹅埠镇设立的深圳（汕尾）产业转移园。在设立之初，该产业转移园的规划面积为 10.36 平方公里，主要用于承接深圳市溢出的一些环境友好型产业，如电子制造、机械加工等。后来，随着深圳市向外拓展产业空间的意愿逐步增强以及汕尾市对外部投资的需求进一步提升，两地开始协同探索新的发展思路。2011 年 2 月，经广东省政府批准，深圳市和汕尾市在已有深圳（汕尾）产业转移园的框架上开始合作建设深汕特别合作区，并将其范围从最初的鹅埠镇扩大到同为海丰县下属的鹅埠、赤石、鲘门及小漠四镇，总面积达 463 平方公里。合作区拥有良好的交通区位条件，距离深圳市仅 60 公里，位于 324 国道、深汕高速的交汇点，正在建设的深汕铁路也将从此经过。根据产业建设规划，合作区以先进制造业、现代服务业、现代旅游业和生态农业为主要发展方向。自成立以来，合作区经济迅速增长，生产总值由 2010 年的 16.9 亿元迅速攀升至 2018 年的 51.4 亿元，超过成立之初的 3 倍。①

4.1 深汕特别合作区设立背景

改革开放以来，珠三角地区逐渐发展出两种典型的产业空间发展模式。一种是以国有资本为主导的"内引外联"模式，主要以深圳市为代表；另一种是以中小规模港资、台资为主导，与地方基层治理相结合的"村镇经济"模式，主要以东莞市为代表。珠三角地区在"村镇经济"模式下发展了一大批附加值较低的劳动密集型产业，带来产业同质低效、城镇空间粗放扩张、区域经济发展不平衡以及地区治理权的中心碎片化等一系列问题，并且随着时间的推移有进一步加剧的趋势。

为解决上述问题，广东省开始尝试从区域协同的角度寻找应对方案。在这一思路的指导下，相继出台了一系列跨地区产业合作、跨界产业转移的产业政策与空间规划，包括产业园区建设、产业和劳动力转移、珠三角产业一体化等，突破行政区划的限制来为诸多产业寻找新的发展空间和新的发展动力。从此，广东省政府和各地方政府开始积极推进跨界产业园的规划建设，制定了一系列政策指引与合作框架。这些政策和框架的核心内容是基于省域经济发展不平衡的现状，通过省政府的空间调控，在省内中心城市和边缘城市之间搭建合作平台，既为前者的剩余资本带来新的空间修复路径，又为后

---

① 深圳市深汕特别合作区网站，http：//www.szss.gov.cn/。

者带来承接产业梯度转移的空间载体，促成各地区之间携手应对产业结构升级的压力。然而，作为一项跨地区、跨产业的政策探索，这些政策和框架开始只聚焦于空间层面的产业发展目标，缺乏综合配套措施，中间还有大量的细节需要明确，特别是关于各个职能部门在跨区域合作中如何找准自身定位并进行分工协作的细节，都导致了政策框架在出台后的相当长时间内都依然只能停留在纸面上，进展缓慢。

然而，这种"有目标、没抓手"的停滞局面在 2008 年迎来转机，国家发改委发布《珠江三角洲地区改革发展规划纲要》，与以往单纯的空间发展规划不同，这是一套综合性的区域发展规划。随后，广东省政府改变以往居中间接协调的策略，直接对各地市进行动员，加快推进各地市之间的多主体合作共建。与此同时，为有效应对产业转型升级压力，广东省开始实施"双转移"发展战略和粤东西北振兴发展战略，以更积极的姿态来推动跨界产业区的建设。所谓"双转移"是指，一方面引导粤东西北等欠发达地区的农村富余劳动力向本地区的第二、第三产业及珠三角地区转移；另一方面，引导珠三角等发达地区的优势产业通过产业合作、跨界产业园区的形式向粤东西北等欠发达地区转移。因广东省地市众多，为确保上述战略规划的顺利推行，省政府在各地市之间实施"结对子"的对口帮扶模式，进行定向的空间整合，这为后来深汕特别合作区的跨界整合提供了政策空间和制度保障。

在设立合作区之前，深圳原本想通过推动"深莞惠"都市圈的构建来获取土地资源，突破自身产业发展所面临的空间瓶颈。然而，东莞与惠州相对于广东省其他地市而言，经济基础较好，经济主导权较强，同时因自身发展也存在强烈的土地需求，因而对深圳市产业转移计划的响应并不积极。与东莞和惠州不同，汕尾市位于粤东边缘"经济塌陷区"，经济基础相对薄弱，对承接外部产业转移有着较大的需求，因此在省政府推行的粤东西北振兴发展战略下，与深圳"结对子"，定向开展跨地区的产业合作。

4.2 深汕特别合作区管理模式

深汕特别合作区是由广东省、深圳市、汕尾市三方协同共建、协同共治的区域产业空间,还组建了具有融合特征的行政管理架构,因而具备一定的开创性,与传统跨境产业园区"拼图式"治理模式存在本质的差异。具体而言,合作区的诞生,是由广东省努力平衡珠三角发达地区与粤东西北落后地区的需求、深圳市作为中心城市为过剩产业寻找外部发展空间的需求与汕尾市作为"经济塌陷区"急于寻求外部发展动力的需求三方耦合而成。

合作区的管理结构总体上可分为三个层级,从上至下的第一层级是由深圳市和汕尾市两地政府负责重大事项决策;第二层级是合作区党工委和管委会负责日常管理,两机构为广东省委省政府派出机构,并委托深圳市和汕尾市进行管理;第三层级是由建设开发公司承担具体项目运营。其中,党工委书记由汕尾市推荐并报请广东省批准,管委会主任由深圳市推荐并报请广东省批准,两机构主要领导都按副厅级配备。在两市分工上,汕尾市负责拆迁、征地和社会事务,深圳市主导经济建设。党工委、管委会下设 12 个职能部门,分别为党群工作局、综合办公室、发展规划和国土资源局、农林水务和环境保护局、财政局、经济贸易和科技局、社会事务局、市场监督管理局和城市建设和管理局等 9 个合作组建部门以及国税、地税和公安等 3 个单独设立部门。

总体而言,合作区的行政管理架构具有多方参与、共建共治的特征,是在跨区域协同治理模式上的制度创新,具体体现在广东省、深圳市、汕尾市三方关系上。

(1)广东省与深圳市、汕尾市的关系。广东省主要采取了行政分权与放松管制的策略。虽然深汕特别合作区的日常管理机构党工委和管委会是省委省政府的派出机构,但仅仅是"名义派出",省委省政府基本不参与直接领导和监督,而是放权委托深圳市和汕尾市进行建设管理,并且也不派遣官员进驻合作区。省委省政府更多的是进行行政分权,例如,授予合作区党工委、管委会地市级管理权限，使其能够更方便地进行人事管理和开展对外交流。从这一点来看，深汕合作区的模式不同于陕西省"西咸新区"（由西安市和咸阳市共建）模式，即由省级政府设立管委会对园区进行多层级分权管理和监督；同时也有别于贵州省"贵安新区"（由贵阳市和安顺市共建），即划出范围直接交由省级政府进行管辖。

（2）深圳市与汕尾市的关系。深汕特别合作区高度融合的管理体制由深圳市和汕尾市共同构建，虽然合作区明确了两地的权责分工，由汕尾市负责拆迁、征地和社会管理，由深圳市负责经济建设，但这种分工不是在两个市级政府之间，是在合作区管理框架内部进行的，充分利用两地资源优势以实现高度融合与互补。从这一点来看，深汕合作区模式既有别于以河南省郑汴新区（由郑州市和开封市共建）为代表的块状治理模式，又有别于以江苏省江阴靖江产业园为代表的委托代管模式。负责深汕特别合作区日常管理工作的党工委和管委会在形式和设置上高度统一，避免了两者"各管一摊、画地为牢"，从而维护了合作区管理机构的整体性。合作区在人事上的精心安排也能体现出深圳市和汕尾市两地的高度融合，例如，党工委书记由汕尾市相关领导兼任，管委会主任由深圳市相关领导兼任；管委会 3 名副主任中的两名由深圳市相关领导兼任，分管规划、建设和招商，另 1 名副主任由汕尾市相关领导兼任，分管社会事务；在管委会下设的 12 个职能部门中，社会管理部门的正职由汕尾市推荐，经济建设部门的正职由深圳市推荐，但 12 个部门的副职则由两地协商、交叉任职。因此，两地并非按照"一刀切"的方式进行权责分工，即使在某一具体职能部门，也能体现出两地的融合共建。

4.3 深汕特别合作区利益分配

稳定合理的利益分配机制是共建合作得以持续的必要基础，如表 4 - 1 所示，根据深汕特别合作区的分配方案，省级财政对合作区财政进行直接管理，并分取一定比例的地方税收。深圳市和汕尾市分别获取 25% 的税收分成。考虑到合作区自身发展的需要，两市在 2015 年之前将所得税收分成全部返还给合作区，在2020年之前返还50%的税收分成给合作区。除此之外，汕尾市还可以获得合作区15%的土地出让金。

表4-1 深汕特别合作区各参与主体利益分配机制

参与主体	建设收益	潜在收益
广东省	一定比例的地方税收	①促进区域平衡发展 ②获取可供推广的改革经验
深圳市	①2015~2020年，12.5%合作区地方税收 ②2021年以后，25%合作区地方税收	①为产业发展拓展空间 ②实现自身产业升级
汕尾市	①15%的土地出让金 ②2015~2020年，12.5%合作区地方税收 ③2021年以后，25%合作区地方税收	①拉动投资、促进就业 ②提升海丰县经济水平 ③增强汕尾市经济实力

　　除了上述条款明确的建设收益分配之外，合作区各参与方还能获取诸多潜在收益。其中，深圳市既为其产业转型升级拓展了空间，又保持了对转移至合作区企业的影响力，持续获取投资、收税等方面的收益。而由于深圳市和汕尾市两地之间存在着显著的产业梯度，深圳市溢出的产业对汕尾市而言也依然有强大的吸引力，迅速增强汕尾市经济实力，尤其可以为合作区所在的汕尾市海丰县带来强大的经济溢出效应和辐射效应。例如，深圳腾讯公司的云计算数据中心项目落户合作区，整个云计算产业链由诸多环节构成，其中数据分析环节和市场开发环节属于高附加值的技术密集型环节，是深圳市大力扶持和重点发展的产业，而数据存储环节和设备维护环节附加值相对较低，有外溢的需求。对腾讯公司等高科技企业而言，只有紧紧依托深圳市的制度、人才、经济和文化等条件才能不断发展高附加值的技术密集型环节，而将数据存储和设备维护工作纾解到合作区，既可以节省不必要的运营成本，又可以享受到合作区的各项政策优惠，同时还为汕尾市的经济发展作出贡献。因此，合作区的设立实现了深圳、汕尾、入驻企业的互利共赢，为合作区的长期存在和持续发展奠定了坚实基础。

　　深圳作为珠三角地区的中心城市和全国范围的一线城市，与位于粤东"经济塌陷区"的汕尾市之间存在显著的产业梯度，因而有产业外溢的需求。

合作区设立以后，深圳通过建设跨区域的公共交通系统和大型基础设施，引导人员和资本向合作区汇集。例如，在交通合作上，深圳巴士集团、深圳城市交通协会与合作区建立伙伴合作关系，共同出资组建深汕巴士集团，在深圳和合作区之间开通两条直达的城际定制包车专线，加强了人员流动并提升了合作区的区位条件；在产业合作上，深圳提出"深圳总部、深汕基地"模式，鼓励市内企业将总部留在深圳的同时，去合作区设立生产基地，实现产业空间配置的优化升级。此外，深圳还积极推动光明新区、龙华新区等市辖区与深汕合作区展开产业共建。在合作区管理上，出台对口帮扶工作方案等系列优惠政策，如将合作区企业人员的户籍和社保纳入深圳市统一管理，增强了合作区对外部企业的吸引力。

4.4 本章小结

深汕特别合作区的设立，是广东省、深圳市和汕尾市在促进区域合作上的一次重大探索，它的成功经验为本书"跨城区"模式的设计提供了重要参考。从形式上而言，二者都像是省内发达地区对落后地区之间的"定向帮扶"，但依然存在本质的区别，具体如表 4 - 2 所示。

表 4 - 2　　　　　深汕特别合作区与"跨城区"模式对比

比较内容	深汕特别合作区	"跨城区"模式
行政区划	维持不变	需要调整
到中心城区距离	距离近，仅60公里	距离远，位于省份边缘
涉及面积	小，仅四个镇	大，涉及若干县（县级市）
选址依据	就近选择	在全省范围内综合比较
管理机构	由广东省派出	直接归中心城市管辖
设立动机	缓解中心城市用地瓶颈	构建"点 - 轴"带动全省发展

虽然与本书研究的"跨城区"模式存在区别，但是深汕特别合作区作为

一种极具开创性且稳定运行的区域合作模式，对"跨城区"的研究具有重大参考价值。"跨城区"模式中关于行政架构和利益分配机制的初步设定，正是以深汕特别合作区的经验为蓝本，并结合武汉市的实际情况做了一些必要的调整。除此之外，深汕特别合作区对一些具体问题的处理方案也值得深入学习和借鉴，这些都对"跨城区"模式的提出和完善具有重要意义。

第 5 章

"跨城区"城市空间扩展模式模拟实践

在进行"跨城区"选址和规划时,必须跳出"点"的束缚,着眼于区域全局,从整体角度来考虑产业分工、人口与资源配置、基础设施建设,充分发挥中心城市的扩散效应、极化效应等龙头带动作用,从而在更大范围内实现经济共同繁荣。本章将以湖北省武汉市为例,来进行"跨城区"模式的模拟实践,并具体阐述"跨城区"设立的选址背景、选址依据、选址流程和设立步骤。

5.1 "跨城区"设立背景

5.1.1 湖北省现状

从国土空间来看,当前湖北省适宜开发面积相对充裕。截至 2018 年,全省剩余适宜建设用地面积约为 7.64 万平方公里，除去 3.96 万平方公里的基本农田①，总计有 3.68 万平方公里的土地资源可用于新增建设用地，约占全省面积的 20.08%，人均 0.96 亩，接近全国平均水平（0.34 亩）的 3 倍。因此，总体而言，全省土地资源丰富，承载能力较强，在未来相当长一段时间内的城镇化建设都不会受到土地资源的制约。

从宏观角度看，湖北省区域经济表现出显著的空间差异性，主要体现在两个方面。首先，省域经济分布具有明显的交通干线指向性，省内经济发展水平较高的城市主要集中在长江、汉江干流沿岸和京广铁路、沪蓉高速沿线；其次，省域经济分布表现出明显的地域集中性，发展水平由中心（武汉城市圈）向周边按梯度递减。

从开发方式来看，《湖北省主体功能区规划》将全省土地划分为重点开发、限制开发和禁止开发（特指高强度的工业化开发和大规模的城镇化开发）三类区域，具体如下：

第一类，重点开发区域。除神农架林区以外，涉及全省 16 个市州，44 个县（市、区），其中，位于武汉城市圈的 9 个市州共 28 个县（市、区）资源环境承载力较强，人口分布相对集中，具有较大的发展潜力，属于国家级重点开发区域；余下 7 个市州的 16 个县（市、区）属于省级重点开发区域。

第二类，限制开发区域。在此类区域仅限制大规模的城镇化开发和高强度的工业化开发，而不是限制所有的开发活动。这类区域的生态环境关系到全省乃至全国的生态安全，环境承载力较弱，只能在加强保护的同时做适度的点状开发，结合区域实际发展环境友好型的特色产业。

第三类，禁止开发区域。主要为各种保护区，一般由中央政府或省级政府直接划定，例如，作为"南水北调"水源地的丹江口水库保护区。对这类区域要严格依据法律规定实行强制性保护，避免人为因素对其生态环境的干扰和破坏，严禁不符合主体功能定位的开发活动。

从县域经济来看，相对全国平均水平而言，湖北省是县域经济占比较高的内陆省份。然而，同浙江省、江苏省等沿海省份相比，湖北省县域经济依

---

① 《湖北省人民政府关于印发湖北省主体功能区规划的通知》。

然存在较大差距，不仅体现在县域经济的规模和总量上，更体现在具体产业的经济效益和竞争力上，并且在总体上落后于全省经济的发展（胡灿伟，2013）。在国家实施"中部崛起"战略的大背景下，如何构建湖北省县域经济发展的新模式已经成为重大问题。虽然已经有许多东部发达省份发展县域经济的经验可供参考借鉴，但目前湖北省尚未探索出适合自身的县域经济发展模式，与江苏、浙江、广东、福建等省知名的经济强县相比依然存在巨大差距，这种局面也与人们的主观印象相吻合。

从 2018 年《湖北统计年鉴》中选取全省 103 个县（区、市）的人均可支配收入数据进行排序，初步将全省分为最发达地区、较发达地区、中等发达地区、初等发达地区、落后地区和最落后地区。

（1）最发达地区和较发达地区。这两类地区是湖北省经济的核心区域。其中，武汉市作为我国中部地区的国家中心城市，是湖北省的政治中心、经济中心、科教文化中心和交通枢纽，人均可支配收入在全省范围内处于绝对领先地位，是全省最发达地区；黄石市（包含大冶市）矿产资源丰富，工业基础雄厚；襄阳市（包含枣阳市）拥有良好的经济基础，水资源丰富，航运便利，是鄂北地区的中心城市；宜昌市位于湖北省西部，处于江汉平原和鄂西山地的接合部，水电、航运资源丰富，境内拥有三峡大坝等国家级重点项目。

（2）中等发达区。主要分布于大城市边缘和江汉平原、长江沿线，发展水平较高。其中，仙桃、潜江分布在江汉平原且离武汉市较近，基础设施完善，与武汉市经济联系紧密；枝江、石首位于长江中游沿线，拥有航运优势，方便开展对外贸易。以上这些区域都有拥有明显的区位优势。

（3）初等发达区。主要是位于丘陵、低山地带的传统农业区。其中，天门市、江陵县、监利县等县市都是传统的农业县，第一产业占主导地位，第二、第三产业占比较低，虽然地处平原地区，经济发展也依然发展缓慢；广水市、麻城市位于鄂东北丘陵地带，自然条件相对较差，对外运输不便，但随着近年来交通条件逐步改善以及当地政府招商引资力度的加大，经济已经呈现出加速发展的势头。

（4）落后和最落后区。主要位于鄂东南、鄂西南、鄂西北山区，包括恩施州的全部和十堰、宜昌所辖的部分县市。这些地区山地密布，环境闭塞，人口密度低，不利于进行大规模的基础设施建设，因而经济发展迟缓，且分布有相当数量的国家级贫困县。

总体而言，由于资源禀赋、交通区位、经济基础以及政策等因素的不同，湖北省内各地区的经济发展水平存在显著差异。但我们必须同时看到，造成这种差异的部分因素并非一成不变，例如，交通区位、经济基础和政策因素等方面的劣势是可以被逐渐弥补的，如果能加大要素投入力度并进行一定的政策倾斜，这种差异就会随着短板的补足而不断缩小。例如，三峡水利枢纽工程建成后，长江流域防洪压力得到显著缓解，宜昌至重庆段的通航能力显著提升，改善了沿线城市的经济发展条件。因此，"跨城区"选址要立足省域国土空间开发现状，结合各地的实际情况，积极配合全省规划的主体功能区建设。

5.1.2　武汉市现状①

在政治上，武汉市是湖北省省会、副省级城市、国家中心城市之一、长江经济带核心城市之一；在交通上，武汉市是全国重要的水、陆、空交通枢纽，从武汉市引出的高铁线路辐射大半个中国，是中央军委联勤保障部队基地；在科教上，武汉市是我国重要的科教中心城市之一，截至2018年，武汉市拥有普通高校84所。

自古以来，武汉地区因其得天独厚的地理位置，一直是中国中部的军事和商业重镇。1861年汉口开埠，对外贸易逐渐兴盛，汉口一度发展成为"驾乎津门、直逼沪上"的中国第二大城市，被誉为"东方芝加哥"。1911年，武昌起义打响了辛亥革命的第一枪，为中国推翻封建帝制、建立亚洲第一个民主共和国作出了重大贡献，成为中国民主革命的发祥地。1927年，国民政府迁都至此并首次将武昌、汉口、汉阳三镇合并，总称武汉。1949年5月24日，武汉市人民政府成立，归中央直辖，武汉市成为新中国首个直辖市。1954年6月19日，武汉市并入湖北省，作为湖北省省会发展至今。

截至2018年，武汉市全市共辖江岸、江汉、硚口、汉阳、武昌、青山、

---

① 《武汉市2018年国民经济和社会发展统计公报》。

洪山、东西湖、汉南、江夏、蔡甸、黄陂、新洲 13 个行政区，总面积 8494.41 平方公里，常住人口 1091.4 万人，地区生产总值 1.48 万亿元，居全国第九位。

在近几十年的发展过程中，武汉市的城市发展规划基本可以概括为"多轴多中心、一主六新多镇"。具体而言，由主城区向外分别沿常福、蔡甸、盘龙、阳逻、豹澥、纸坊等方向建设六条城市空间发展轴线，逐步建成东、南、西、北、东南、西南等六大新城组群。根据最新的城市规划，武汉市官方确认的主城区范围限定在三环线以内，在六个远城区各重点建设一个"卫星城"，建成"1+6"的城市基本格局（如图 5-1 所示）。另外，主城区人口要控制在 502 万人以内，避免主城区人口过度集聚，6 个远城区各集中规划建设一座新城，形成"主城+新城组群"和以主城区为核，多轴多心的城市空间总体构架。

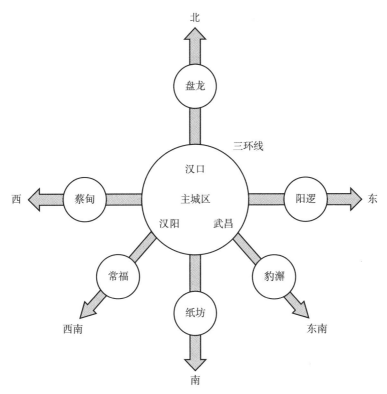

图 5-1 武汉市域空间"1+6"布局规划

5.1.3 行政区划演变

5.1.3.1 湖北省行政区划演变

新中国成立七十多年来，湖北省的城镇化进程已经由初级阶段转入快速发展阶段，行政建制由新中国成立初期的 1 个市、72 个县演变为现在的 12 个地级市、1 个自治州。演变过程简要如下：

1949 年 5 月 24 日，武汉市人民政府成立，由中央直辖，成为新中国首个直辖市。1949 年底，湖北省辖 8 个专区（孝感、黄冈、大冶、荆州、沔阳、襄阳、宜昌、恩施专区），2 个省辖市（沙市市、宜昌市），68 个县、1 个特区（石黄特区）、1 个军事管制委员会；

1954 年 6 月 19 日，武汉市由中央直辖改为湖北省省会；

1971 年底，湖北省辖 8 个地区、2 个省辖市，4 个市、72 个县、1 个林区、9 个市辖区；

1991 年底，湖北省辖 6 个地区、8 个省辖市、1 个自治州，22 个市、46 个县、2 个自治县、1 个林区、27 个市辖区；

2018 年底，湖北省辖 13 个地级行政单位，共设 39 个市辖区、24 个县级市、37 个县、2 个自治县、1 个林区，合计 103 个县级行政区划单位。

从上述过程我们可以看出，随着原有城市的不断兴起和发展，行政区划也在不停地演变，也在不断地暴露出问题，所体现出来的问题主要分为以下几种情况：

（1）早期划定的市域空间狭小，抑制了城市的进一步发展；

（2）一地多府、机构重叠，导致城市管理混乱低效；

（3）有县无城，区域发展没有核心，滞后了城市化进程；

（4）县区设置随意且不规范，各县之间体量差别巨大；

（5）在县改市的过程中，往往只注重县城的经济指标和人口指标，忽视了乡村的情况等。

除此之外，在历史上，湖北省的行政区划设置还存在显著的"地市同城" 问题。具体而言,"地" 和 "市" 两者为同一级行政层次,市管市区,市区以外归地区管辖,两者定位分明。但城市一定是所在地区的中心,而作为城市腹地的周边地带又属地区管辖。地区驻地是一定地域的经济、政治、文化中心,但无直接基地,不得不与城市同城,许多活动受制于城市。另外,城市需要发展,城区要扩张,却无足够的空间。如此一来,城乡割裂,矛盾明显,衍生出诸多问题,以下举例说明:

案例一:宜昌市处于长江峡谷,空间狭窄,机场、码头建设用地需要求助于市郊归地区管辖的一个镇,然而出于某种原因,地区却将该镇划给暂不需要的县,改划长江对岸一大片山地给宜昌市,虽然也能缓解用地矛盾,但开发建设费用高,不是合理开发的最佳选项。

案例二:江汉平原腹地的某轻工业城市,历来以当地农产品为原料,然而工厂归市里管辖,原料产地归地区管辖,因两地管理衔接不畅,经常出现工厂停工待料的情况,造成持续经济损失。与此类似,县市同构、争原料、争市场的问题一度非常普遍,所表现出来的不是工农互补、城乡互补,而是互斥。

案例三:原荆沙地区,已有荆州地区和江陵县驻地,仅仅 7 公里之外是沙市市区,属于两个独立城区。随着二者的不断发展和扩张,至 20 世纪 80 年代已相互连片,造成事实上的 "三府同城"。同处一地却又自成体系,各自都拥有自己的广播电视系统,不仅给人们的生产生活带来不便,还造成大量的重复建设和资源浪费。

5.1.3.2 武汉市行政区划演变

过去几十年来,随着经济和社会的不断发展,武汉市的行政区划和行政架构就一直在动态调整,其中比较重大变化如图 5 - 2 所示。

从上述事例我们可以看出,在过去几十年中,湖北省和武汉市的行政区划一直动态调整和优化,但相对于经济和社会的发展而言,总显得被动和滞后,造成一系列问题,不但不能促进经济社会发展,有时还造成阻碍。因此,行政区划的合理设置是一项非常重要工作,不但要随着经济社会的发展进行动态调整,甚至要以更加前瞻的眼光去提前布局和谋划,本书所提出的 "跨城区"模式就充分借鉴了上述经验和教训。

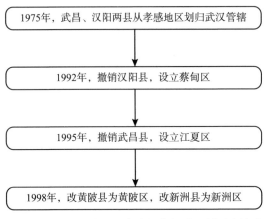

图 5 – 2 新中国成立以来武汉市行政区划重大演变

5.2 "跨城区"的选址

"跨城区"的选址是多种因素共同作用的结果,包括政策因素、交通区位条件、自然禀赋条件、产业互补条件等方面。本章将以湖北省武汉市为例,紧紧围绕"点-轴系统"理论并充分借鉴区域经济学、城市经济学、新经济地理学的有关理论,在确定"跨城区"的目标、职能和影响后,从政治、区位、产业等方面探讨湖北省经济发展轴线,筛选出符合"跨城区"基本区位要求的若干县市,比较它们与这些轴线的关系,分析它们各自的优势资源,并探讨它们与武汉市进行产业互补联动的潜力,最后选取出更具有轴线优势、港口优势、资源优势和产业互补潜力的县市作为拟定的武汉市"跨城区"。

5.2.1 选址范围

交通条件是"跨城区"选址工作的决定性因素之一,拟定的"跨城区"必须能快速融入现有的交通运输干线网络,吸引人员和产业向"跨城区"集聚。根据"点 – 轴系统"理论的基本原理,区域发展的关键在于确定一条或若干条具有发展潜力的轴,这些轴必须具备内在的、有机的、动态的生长机理。就当前的湖北省而言,沿长江经济带、沿汉江经济带是全省最为重要的城市、科教资源、人口和产业集聚带,两江(长江和汉江)沿线城市 GDP 之和,几乎等于整个湖北的经济总量,而且,在将来可预见的时间范围内,长江和汉江依然将是湖北省经济发展的主体地区。除此之外,近些年高速铁路建设突飞猛进,高速公路网络日趋完善,也极大地影响了交通和物流格局。因此,湖北省内的"轴"可以被认为是两江航道、高速公路、铁路、高速铁路等拥有巨大影响力的大型交通干线,今后的区域空间组织将主要在这几条轴线附近展开,并且形成强大的辐射区。从这个角度出发,在选择武汉市"跨城区"时,应首先考虑拥有轴线数最多的县或县级市,并根据港口级别的不同赋予不同的权重。

在"跨城区"的具体布局上,还要考虑地理分布的均衡性。近年来,同处长江中游的湖北省、湖南省、安徽省、江西省等省份正合力将长江中游城市群升级为国家级城市群,成为继"珠三角""长三角""环渤海"之后中国经济的新增长极,在此大背景下,"跨城区"的构建目的之一就是要发挥桥梁作用,加强省内中心城市和周边省份的经济联系。因此本书认为,在"跨城区"的选址过程中,需为与湖北省接壤的六个省份各初步拟定一个"跨城区",再进行下一步的比较和分析。

5.2.2 选址初步分析

"跨城区"经济发展要满足"社会 – 经济 – 生态 – 资源"复合系统整体效益最优的原则,必须从湖北省面临的政策机遇、交通建设规划、产业发展需要等现实角度分析出发。具体步骤描述如图 5 – 3 所示。

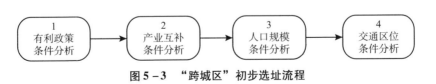

图 5 – 3 "跨城区"初步选址流程

对"跨城区"的选择必须具备一系列条件，尽可能同时兼顾到武汉市的现状和湖北省的全局，优位的"跨城区"选址是多种因素共同作用的结果，这些因素主要包括政策因素、对外交通联系、自然禀赋条件、产业发展现状、经济发展水平等方面，并符合区域经济学、城市经济学、"点－轴系统"理论和新经济地理学的有关原理。根据本书的研究思路，"跨城区"应优先从位于省内边缘与外省交界的 34 个县（县级市）中选取。符合条件的候选地如表 5-1 所示。

表 5-1 武汉市"跨城区"候选地

所属地区	待选县市	所属地区	待选县市
黄石市	阳新县	黄冈市	蕲春县
十堰市	郧西县		黄梅县
	竹山县		麻城市
	竹溪县		武穴市
	丹江口市	咸宁市	通城县
宜昌市	五峰县		崇阳县
襄阳市	老河口市		通山县
	枣阳市		赤壁市
孝感市	大悟县	随州市	随县
荆州市	公安县		广水市
	监利县	恩施市	利川市
	石首市		建始县
	洪湖市		巴东县
	松滋市		宣恩县
黄冈市	红安县		咸丰县
	罗田县		来凤县
	英山县		鹤峰县

5.2.2.1 有利政策条件分析

"跨城区"在成型期对中心城区具有非常大的依赖性，资金、人员、技术、基础设施等关键要素都有赖于中心城区的哺育,因此,"跨城区"的初期发展很大程度上将依靠各种优惠政策,例如,贸易便利政策、土地优惠政策、税收优惠政策、招商引资政策、人才吸引和安置政策等等,这些政策将构成"跨城区"的初期发展优势,更为吸引重大投资项目的入驻提供了良好的政策环境。

(1)国家大力发展内河水运。

决定城市诞生和发展的重要因素之一是水资源,水路运输综合成本仅为铁路的1/6、航空的1/78,大力发展水路运输将极大节省物流成本,提升整体经济运行效率。航运便利、频繁的港口城市对所在区域的经济发展能起到明显的支撑和带动作用(李晶,2013)。例如,上海国际航运中心对于长三角、天津北方国际航运中心对于环渤海、大连东北亚国家航运中心对于东北振兴、重庆长江上游航运中心对于西部大开发,都是航运中心支撑引领区域经济发展的典型案例。

国务院在2011年1月颁布的《关于加快内河水运发展的意见》中,明确将武汉长江中游航运中心建设列为国家战略。根据规划,长江中游运中心将上接重庆长江上游航运中心,下连上海国际航运中心,三大中心连成一线,更加充分、完整地发挥长江黄金水道的优势,实现长江上、中、下游航运和沿江经济的全面协调发展。对湖北省而言,长江中游航运中心的建设,将有利于武汉城市圈充分利用长江水运的各项优势,完善物流环境,降低商务成本,增强竞争力和吸引力,有利于将湖北省武汉市打造为促进中崛起的战略支点。

(2)综合立体交通走廊建设。

近年来,长江流域的交通运输体系在国家政策层面迎来一系列重大利好,根据国务院正式公布的《长江经济带综合立体交通走廊规划(2014—2020年)》和《国务院关于依托黄金水道推动长江经济带发展的指导意见》,我国将以长江为轴,建立一座立体交通走廊,具体措施如下:第一,推进铁路联运系统建设和三峡枢纽货运分流的油气管道建设;第二,充分利用江面和水下空间,推进铁路、公路、城市交通合并过江;第三,在长江干线通过的6个省份,合计规划建设95条过江通道。

与此同时，作为对长江沿线交通走廊建设的补充，湖北省交通运输厅发布《湖北省汉江流域交通规划》，主要内容包括：第一，完善汉江航运主通道，从武汉出发，串联孝感、仙桃、潜江、荆门、襄阳、十堰等省内节点城市，斜跨整个汉江流域，直达陕西；第二，建设包括汉江水运、铁路、公路、航空等多种方式的沿江立体综合交通运输体系，将襄阳、十堰、荆门建设成为区域性交通枢纽。第三，建设6条省内快速运输通道，分别为：武汉至宜昌方向、武汉至十堰方向、十堰至宜昌方向、襄阳至荆州方向、随州至岳阳方向、孝感经武汉至咸宁方向。

2014年中央和地方政府规划发布至今，湖北省已经初步建成以长江水道为依托，公路、铁路、管道、民航等多种运输方式综合协同发展的交通运输网络，显著改善了湖北省与中部地区产业集群间的通达程度，武汉市已经初步成为辐射全国、连通国际的全国性综合交通主枢纽，为发展外向型经济打下了良好基础。

5.2.2.2　产业互补条件分析

产业结构和产业规模在很大程度上决定了城市的经济发展水平，规划、建设"跨城区"的重要目标之一就是承接省域中心城市的产业转移，从而同时实现两者的产业升级。而两地之间发生产业转移的前提条件之一就是存在明显的产业梯度，否则不但不会形成产业转移，还可能造成恶性竞争，也就失去了建设"跨城区"的意义。此外，这种必要的产业梯度不仅是规模上的差异，更应该是产业结构上的显著不同，唯有这样，"跨城区"才有可能承接到中心城市的产业转移。因此，在"跨城区"的选址过程中，首先要充分研究武汉市的产业规划，然后以此为前提对"跨城区"候选县市的产业现状和产业潜力进行分析。

（1）武汉市产业现状。

随着国家实施促进中部地区崛起战略和武汉城市圈"两型"社会的建设，武汉市成为湖北省国土空间开发最为集中的区域和长江中游地区重要的经济增长极。武汉市现已经形成以武钢集团（现已并入宝武集团）、东风本田、神龙汽车、武烟集团、富士康、武船、东湖高新、烽火科技、武汉健民、武商集团等企业为骨干，以钢铁、汽车及机械装备、电子信息、石油化工、烟草、金融、商贸为支柱的产业体系，主导产品有钢材生铁、汽车及零部件、原油加工、卷烟、软饮料、显示器、软件开发、黄鹤楼、红金龙牌卷烟等等。这主要归功于武汉市得天独厚的地理优势，不仅位于长江航道中部，还是我国纵横铁路的枢纽节点，因而无论是陆路运输还是水路运输，它都是物流的重要中转地。然而，虽然武汉市在湖北省内"一城独大"，却没有为周边城市带来明显的拉动效应。从产业结构上而言，周边城市和武汉市存在很大的同质性，导致不但没能承接到武汉市的产业转移，反而自身的一些资源被源源不断地"虹吸"到武汉市，进一步加剧了"一城独大"。为改变这种局面，周边城市和拟定的"跨城区"就必须在产业结构上与武汉市实现差异化发展。

依据湖北省产业集群发展的现状及特点，应继续强化武汉市产业优势并发挥其对省内周边地区的引领带动作用，加快发展物流航运、金融保险、对外贸易、多层次融资体系、科技研发、产权交易等区域服务职能，遵循"大港口、大产业、大环保"的发展理念来推动沿江城市整合港口资源、优化产业联动，依托长江黄金水道实现省内沿江城市协调发展。另外，沿江产业发展要和其港口结合起来，引导人口、产业集聚，提升新型城镇化的质量和水平。

（2）"跨城区"候选地产业现状。

"跨城区"候选地优势产业情况，如表5-2所示。

表 5 - 2 　　　　　　　　　　"跨城区"待选县市优势产业

待选县市		优势产业
黄石市	阳新县	化工、冶金、建材、轻纺、水产、铝业及铝制品
十堰市	郧西县	汽配、水电、建材、医药化工、特色农业、食品加工
	竹山县	矿产开发、水电能源、农产品加工
	竹溪县	农产品加工、中药材生产加工业、特色经济作物种植
	丹江口市	水电、冶金、汽车零部件、医药化工、旅游
宜昌市	五峰县	畜牧业、种植业、旅游

续表

待选县市		优势产业
襄阳市	老河口市	冶金建材、汽车机械、精细化工、食品加工、纺织
	枣阳市	整车制造、摩擦片产业集群、精细化工、食品、轻纺
孝感市	大悟县	硅产业集群、盐磷化工、中药材、特色经济作物种植
随州市	随县	特色农业、香菇产业集群、食品加工、水产养殖
	广水市	风机产业集群、机械制造、卷烟、食品加工、现代物流、造纸包装
荆州市	公安县	汽车零部件集群、机械汽配、纺织、塑料新材、食品加工
	监利县	食品加工、纺织、造纸、非金属制造
	石首市	医药化工产业集群、林产品加工、精细化工、棉花纺织
	洪湖市	石化设备制造、金属制造、化工、水产养殖加工、食品加工
	松滋市	能源、化工建材、轻纺、机械、电子、饮料产品加工
黄冈市	红安县	医药化工、红色旅游、机械铸造、食品饮料、纺织服装
	罗田县	旅游、野生食品、中草药、食品加工
	英山县	汽车配件、船舶附件、建筑建材、机械制造、真丝制品加工、农产品加工
	蕲春县	医药产业集群、中草药种植、特色经济作物
	黄梅县	陶瓷产业集群、文化工艺品、新型建材、轻纺、农副产品加工、机电
	麻城市	机械铸造、红色旅游、医药化工、纺织服装、水泥建材、食品饮料
	武穴市	医药化工、船舶制造、机械加工、建材、水产养殖、畜牧
咸宁市	通城县	涂附磨具产业集群、云母生产、磨具、服装、工艺品加工、针织
	崇阳县	矿产、机械制造、造纸、纺织、建材、绿色食品加工
	通山县	石材产业集群、森林工业、旅游、能源、冶金、建材、食品交加工
	赤壁市	纺织产业集群、造纸、竹木业、建材、机械、电子、电力、食品
恩施市	利川市	药材、畜牧、林果加工
	建始县	旅游、烟叶、富硒食品加工、中药材加工
	巴东县	旅游、森林食品、木本药材、药材加工
	宣恩县	特色经济作物、农产品加工
	咸丰县	绿色食品产业集群、茶叶、食品加工、石材加工
	来凤县	特色经济作物、经济林、畜牧、中药饮片加工
	鹤峰县	特色经济作物、木制品加工、农产品加工、矿产

资料来源：笔者根据公开信息收集整理。

（3）产业联动基本过程。

地缘经济学理论认为，城市间存在竞争型和互补型两种关系。"跨城区"的设立旨在优化其与中心城区之间的资源配置，促进协调发展，它们之间是一种互补型关系。如图5-4所示，根据"产业集聚—产业链—产业网络—产业融合"的产业发展时序，可将其抽象为"点—线—面—体"的发展顺序，具体到空间上可归纳为"节点城市—线性互动—复杂网络—产业立体簇"。中心城区与其"跨城区"之间的产业联动就是要最大限度地发挥产业链上、中、下游的各自优势，共同实现产业分工的合理化。

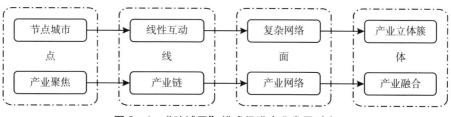

图5-4 "跨城区"模式促进产业发展时序

5.2.2.3 人口规模分析

从人口规模的角度来分析，一方面，武汉市总体规划明确要求控制人口增长，争取到2020年全市范围常住人口不超过1180万人，其中三环线以内约520平方公里范围内常住人口不超过606万人。[①] 然而，武汉市作为省域经济中心和国家强二线城市，对外来人口有着较大的吸引力，近些年一直呈现出人口加速净流入状态，极有可能会突破原有的人口控制规划。"跨城区"设立以后，可以承担疏散中心城区人口、就地吸纳农村转业人口的职能，逐渐发展成为体系相对独立、各项配套完善的新城区。然而，在人口自由流动的今天，若想使"跨城区"疏散人口的功能顺利起步，其自身必须到达一定的初始人口规模，才能逐步吸引人口、企业和资本集聚，进而逐步产生集聚效应。

---

① 《武汉市城市总体规划（2010—2020）》。

一般认为，城市的人口规模必须至少达到 20 万以上，才能充分发挥其基础设施建设的规模效益，才能初步显现城市的聚集效应。从《湖北统计年鉴》中选取各候选地 2017 年的常住人口数据，如表 5-3 所示，除五峰县之外的其他 33 个县市的人口规模均超过了 20 万的门槛值，其中枣阳市和监利县的人口规模超过 100 万。

表 5-3　　　**"跨城区"候选县市 2017 年常住人口规模**　　　单位：万人

所属地区	待选县市	2017 年常住人口	所属地区	待选县市	2017 年常住人口
黄石市	阳新县	83.23		蕲春县	78.17
十堰市	郧西县	43.56	黄冈市	黄梅县	86.94
	竹山县	42.08		麻城市	88.04
	竹溪县	31.66		武穴市	66.00
	丹江口市	44.92		通城县	41.54
宜昌市	五峰县	19.24	咸宁市	崇阳县	40.70
襄阳市	老河口市	47.99		通山县	37.58
	枣阳市	100.20		赤壁市	49.09
孝感市	大悟县	62.41	随州市	随县	80.21
荆州市	公安县	86.28		广水市	77.21
	监利县	104.73	恩施市	利川市	66.90
	石首市	56.95		建始县	42.02
	洪湖市	81.32		巴东县	42.90
	松滋市	76.86		宣恩县	30.58
黄冈市	红安县	60.92		咸丰县	30.80
	罗田县	55.27		来凤县	24.80
	英山县	36.34		鹤峰县	20.40

资料来源：《湖北统计年鉴（2018）》。

主流经济学理论认为，由于耕地数量是有限的，加上农业生产技术不断取得进步，限制了农业部门对劳动力的需求，当农村从事农业生产的人口到达一定数量以后，新增的劳动力供给边际产量趋近于零，因而出现了劳动力过剩，这部分农村人口被称为"零值劳动人口"。数十年来，数以亿计的"零值劳动人口"，既是我国源源不断"人口红利"的来源，又是造成城乡生产率差异的原因，进而造成所谓的"城乡二元结构"。在现代城市工业、服务业体系中，劳动边际生产率普遍高于农村农业生产部门，因此，"跨城区"设立以后，可以将附近农村居民就地转变为城镇居民，不仅可以创造可观的经济效益，还能缓解"城乡二元结构"带来的不平衡。

5.2.2.4 交通区位条件分析

一个地区的区位条件综合反映其与外界发生空间联系和经济联系的便利程度，提升此地区的综合交通运输能力可显著改善其区位条件，并有利于加强地区主导产业前向、后向的扩散效应，增强投资吸引力，促进优势资源开发，从而形成新的优势产业，推动地区经济持续发展。

湖北省的水路运输系统在全国水路交通布局中具有重要的战略地位。国家规划的 19 条水运主通道中，流经湖北省的就有 3 条（长江、汉江、汉江运河），其中长江在湖北省境内航道里程 1038 公里，占长江干线航道的 37%，在沿江各省市中位居第一；截至 2018 年，国家一共规划了 11 个长江主要港口，其中有 4 个位于湖北省境内，分别为武汉港、宜昌港、荆州港和黄石港，在沿江各省市中位居第一；京广高铁、沪蓉快速客运通道等国家高铁干线在湖北省境内交汇，使湖北省能充分分享"高铁经济"所带来的红利。

（1）长江。

在我国当前的经济格局中，长江是一条最重要的东西向轴线，在国家总体战略布局中占有重要地位。长江是我国流域面积最大的河流，覆盖东、中、西部 11 个省市，流域内人口和生产总值占全国比例均超过 40%，地位堪称举足轻重。长江经济带主要指长达 2838 公里的长江干线航道沿线地区，从东至西分别涉及上海、浙江、江苏、安徽、江西、湖北、湖南、重庆，合计 6 省 2 市，长江经济带不仅是长江流域人口最稠密、经济最发达的地区，也是我国经济、文化、科技最发达的地区之一，是我国规模最大的高密度经济走廊。国务院发布的《关于推动长江经济带建设发展指导意见》明确将长江经济带的建设和发展提升到了国家战略层面，要将其建成具有世界影响力的内河经济带、对内对外开放带、生态文明示范带、流域合作协调发展带。2018年长江干线航道全年货物通过量达 26.9 亿吨，同比增长 7.6%，居世界内河首位。长江干线航道全年集装箱吞吐量达 1750 万标箱，长江三峡枢纽货物通过量达 1.44 亿吨，均创历史新高①。

从上述数据可以看出，现在长江的运输功能是比较成熟的，然而在享受航运便利的同时，长江沿线很多城市都面临跨江发展的难题，桥梁、地铁等过江通道造价高昂，制约了城市的扩张和生产要素的流通。例如，若设立"跨城区"，可使省域中心城市突破自然环境的限制，规模定向扩张，生产要素定向扩散，从而更快实现转型升级。在依托"点-轴系统"理论进行"跨城区"选址的过程中，可充分考虑并利用长江航道这条黄金发展轴。

然而，长江经济带内部城市群发展极不平衡，其中江苏省、浙江省、上海市三地的地区生产总值占整个长江经济带一半，各项要素资源向优势地区聚集，导致中游和上游的城市群发展相对滞后。这种同样存在于长江经济带内部的东、中、西发展不平衡已经受到了国家层面的关注，旨在缓解这种局面的各项战略规划相继出台。以位于中游的武汉市为例，2011 年，国务院印发《关于加快长江等内河水运发展的意见》明确要求"加快上海国际航运中心建设，推进武汉长江中游航运中心和重庆长江上游航运中心建设"，建设武汉长江中游航运中心纳入国家战略。可以预见的是，随着这一建设规划的推进和水运节能环保、通达范围广、运输成本低等优势的发挥，必将对其位于长江沿线"跨城区"带来显著的集聚效应和辐射效应。在"跨城区"大力发展港口经济不仅可以带动一批产业发展，引发"乘数效应"，还可反过来巩固增强武汉市整合全省资源、辐射中西部地区、连接国内外市场的核心地位。

长江经济带辐射南北，横贯东西，是全国经济版图中的一条重要发展轴线，充分发展和利用内河航运能够降低运输成本、提升经济效率、促进经济更快发展。因此，武汉市"跨城区"的优选区域应位于或紧邻长江（或汉江）轴线，原因如下：第一，能帮助武汉市长江中游航运中心优化生产要素

---

① 交通运输部长江航务管理局网站，https://cjhy.mot.gov.cn/。

配置、增强产业转移承接竞争力，充分利用长江（或汉江）运能大、成本低、通达广的优势；第二，整个流域内的经济发展将逐步向沿江港口集聚，沿江港口地区的兴起和发展会对其他区域经济产生带动作用，港区体量庞大的基础设施建设需求也会带动地方相关行业的发展；第三，建材、石化等行业均为大运量产业，另外冶金、石化、汽车和其他现代制造业都较适于沿江布局，可以借此积极发展沿江支柱产业带。

（2）汉江、汉江运河。

汉江发源于陕西省，在武汉市汇入长江，干流全长 1557 公里，是长江最大的支流。汉江在湖北省境内流经十堰市、襄阳市和武汉市等 10 市的 39 个县（市、区），是连接武汉城市圈和鄂西城市圈的重要经济轴线，汉江流域集中了湖北省 42.3% 的人口、41.5% 的生产总值，出产了全省 57.3% 的粮食①。从全国范围来看，汉江连接着华中、中原、西北、西南四大经济区，在长江以北、陇海铁路以南跨度近千公里国土空间内，汉江也是其中唯一一条经济走廊。因此，汉江成为沿线多个省份通江达海的战略通道，是我国南水北调、南货北运、西油东送、北煤南运等的传送带，对我国中西部腹地的开发起着极为重要的枢纽作用。

2016 年 9 月 26 日通水通航的汉江运河工程为我国南水北调中线工程的干渠，同时也是国家规划的 19 条内河主通道之一。该工程以汉江水补充北方用水，再以长江水补充汉江下游用水，是湖北省内最大的水资源配置工程。江汉运河全长 67.23 公里，这条现代最长的人工运河连通"两江"，缩短两江之间的绕道航程 673 公里，按照长江航船顺水每小时 20 公里的正常速度计算，意味着它能节省 34 个小时的行程，近一天半时间，是名副其实的"黄金水道"。同时，运河还兼具水利、交通运输、防洪、灌溉、生态补水等功能。江汉运河流经荆州、荆门、潜江、天门 4 个市 11 个乡镇，辐射带动荆州区、沙洋、潜江等地 12 个乡镇。北方的煤炭通过重载铁路运至襄阳后，可以通过汉江、汉江运河转运至长江沿岸地区，成为"北煤南运"的重要能源通道。

---

① 《湖北省经济统计年鉴（2018）》。

（3）主要港口、重要港口和一般港口。

从世界范围内看，经济发达的城市几乎都是港口城市，大江大河流域通常都是经济相对发达地带。中国经济信息社发布的《全球港口美誉度报告（2021）》显示，当今全球排名前10位的经济中心都是依托港口形成的，35个主要国际化大都市中有31个是依托港口发展起来的。我国过去四十年改革开放也是按照"经济特区—沿海—沿江"的顺序渐次推进，东、中、西部发展中的产业梯度转移也始终以港口为平台进行"东拓西进"的对接传导。中外经济发展的实践表明，港口对于区域经济发展的拉动作用十分显著。长江沿线大型企业原材料运输超过80%通过水上运输完成，长江以沿江分布的诸多重要港口为着力点，对流经地区的经济有着明显的带动作用，南京、安庆、九江、扬州、江阴、张家港、常熟等沿江城市近年来纷纷提出"依港兴市""以港强市"的战略规划。港口主要可以从以下几个方面来拉动所在区域的经济增长：第一，港口经济的发展可以促进区域经济的一体化，通过区域产业互补来降低综合成本，从而产生"集聚效应"；第二，港口自身的发展可以带动一批相关产业，如商贸、货运、旅游等，为所在地区的发展带来"乘数效应"；第三，通过港口可以有效整合利用外部资源，拓展外部市场，在更广范围内实现资源优化配置，提升区域竞争力。

湖北省以铁路、公路、水路无缝衔接为导向，在省内主要运输通道与长江、汉江的交叉点上打造综合枢纽港口，目前已基本形成吞吐能力在3亿吨、400万标准集装箱以上的四大（宜昌、荆州、武汉、黄石）港口。其中，武汉是我国中部地区航运资源最为丰富的中心城市，是长江航务管理局、长江水利管理局、长江水利委员会等国家级、省级、市级航运管理机构驻地，是长江流域航运发展的管理中心和决策中枢。此外，政府和民间的各类航运金融机构、航运中介机构、船舶交易机构、专业学会、行业协会不断聚集和完善，已经到达了一定的规模，为把武汉建设成为长江中游航运中心发挥了重要作用。

①主要港口。

根据我国的划分标准，主要港口是指吞吐量庞大、地理位置重要、辐射范围广的大型港口，湖北省拥有4个国家级主要内河港口，简要情况如下：

● 武汉港。武汉港位于武汉市江岸区,武汉港最大靠泊能力 12000 吨,一次系泊能力 70 万吨,设备最大起重能力 50 吨,集装箱吞吐能力 50 万标箱,货物吞吐能力 3000 万吨[①],各项指标在我国内河港口中均名列前茅,是长江流域中部内陆型航运中心。2008 年武汉新港开工建设,它以水深 7 米的阳逻港为核心、以周边 26 个港区为基础,规划建设 2 个集装箱港区、5 座临港新城、1 个新港商务区、12 个临港产业园区,计划把武汉新港打造成为兼具现代航运服务、临港产业开发、综合保税服务等功能的现代化国际港口,它同时也是长江中上游唯一可以进行海关联检的大港。武汉新港建成后,宝武集团、武汉石化、东风汽车、神龙汽车等大型企业纷纷扩大水运业务,降低运输成本并拉动区域经济发展。根据 2018 年 12 月 31 日武汉新港管理委员会发布的数据,武汉新港 2018 年集装箱吞吐量突破 156 万标准箱,同比增长15%。

● 宜昌港。宜昌是长江中游和上游的分界点,东临江汉平原,西经三峡与重庆相连,地理位置优越,辐射范围广阔,再加上三峡工程建设开发的重大历史机遇,确立了宜昌港在长江黄金水道上的重要地位。宜昌港是重要的水运联运中转枢纽港,是宜昌市所辖 5 个区、3 个市、5 个县开采的煤炭、矿建材料、非金属矿石等化工原料和制成品外运的主要港口。宜昌港共有码头泊位 54 个,港口年吞吐能力 1760 万吨,集装箱年货运吞吐能力 16 万标准箱。

● 黄石港。黄石港位于黄石市西塞山区,是国家一类对外开放口岸,同时也是湖北省东南部的水路交通枢纽。黄石港经济腹地广阔,主要服务于黄石、大冶、黄冈、鄂州、咸宁。2018 年 1 至 7 月已累计完成港口吞吐量695.93 万吨,同比增长 126.87%;集装箱 27766 标准箱,同比增长114.97%,预计到 2020 年其吞吐量可达 1715 万吨、28 万标准箱[②]。

● 荆州港。荆州港位于荆州市沙市区,是国家二类对外开放口岸。南水北调中的"引江济汉"工程从此地引出,东西走向的沪蓉高速和南北走向的太澳高速交会于此,荆州港直接辐射整个鄂中南地区,是湖北省中部地区企业的外贸中转基地。

---

①② 交通运输部长江航务管理局网站,https://cjhy.mot.gov.cn/。

②重要港口。

根据我国的港口等级划分标准，主要港口以下为重要港口，是指位于水运主通道上且满足下列条件中任意一项的港口：2000 年货物吞吐量达到 100 万吨或预测将于 2020 年达到 200 万吨以上的港口；虽然货物吞吐量未达到前述标准，但却是 2 种或者 2 种以上运输方式的连接点的港口；服务于国内外知名旅游景区或具有国防战备功能的客运港口，或是所在地区唯一可用于水运的港口。

根据上述条件，湖北省境内一共有 19 个重要港口。其中，位于长江干线的重要港口自东向西分别为武穴港、阳新港、黄州港、鄂州港、嘉鱼港、洪湖港、石首港、枝江港、宜都港、秭归港、巴东港；位于汉江干线的重要港口从南到北分别为汉川港、仙桃港、天门港、潜江港、沙洋港、钟祥港、丹江口港、襄阳港。

③一般港口。

在港口等级中，重要港口以下为等级最低的一般港口，湖北省境内一共有 28 座。它们虽然腹地较小，但是分布广泛，通常作为铁路、公路等运输方式的重要补充，是所在县市对外进行物资交流的重要途径，尤其适用于难以分割的大型设备运输和数量大、价值密度低的农资用品运输。因而也是内河港口体系的重要组成部分。

在当前外贸出口增长乏力、国家大力培育内需的经济形势下，开发建设长江经济带的各项相关政策正加速落地，沿江产业因而更可能率先受益。因此，在我们"跨城区"的选址过程中，在拥有同等轴线数条件下，应优先选择拥有主要港口或重要港口区域，以便充分利用港口资源，助力经济发展。

表 5－4 综合反映了 34 个候选地分别占有的主要水路、铁路和高速公路等交通轴线的数量，并进行了算术加总。其中，占有轴线数在 3 个以上（含 3 个）的县市有 15 个。从多到少分别为：麻城市、丹江口市、老河口市、赤壁市、阳新县、枣阳市、红安县、公安县、武穴市、黄梅县、蕲春县、随县、利川市、巴东县和建始县。其中，麻城市占有 5 条轴线，在所有候选县市中排名第一。

表 5 - 4 待选县市区位条件汇总表

所属地区	待选县市	接壤省份	是否沿长江	是否沿汉江	占有交通轴线数（条）	总轴线数（条）	港口等级
黄石市	阳新县	江西省	是	否	2	3	重要港口
十堰市	郧西县	陕西省	否	是	1	2	一般港口
	竹山县	陕西省	否	否	0	0	一般港口
	竹溪县	陕西省、重庆市	否	否	0	0	无
	丹江口市	河南省	否	是	3	4	重要港口
宜昌市	五峰县	湖南省	否	否	0	0	无
襄阳市	老河口市	河南省	否	是	3	4	一般港口
	枣阳市	河南省	否	否	3	3	无
孝感市	大悟县	河南省	否	否	2	2	重要港口
荆州市	公安县	湖南省	是	否	2	3	一般港口
	监利县	湖南省	是	否	0	1	一般港口
	石首市	湖南省	是	否	0	1	重要港口
	洪湖市	湖南省	是	否	0	1	重要港口
	松滋市	湖南省	是	否	1	2	一般港口
黄冈市	红安县	河南省	否	否	3	3	无
	罗田县	安徽省	否	否	0	0	无
	英山县	安徽省	否	否	0	0	无
	蕲春县	安徽省	是	否	2	3	一般港口
	黄梅县	安徽省、江西省	否	否	3	3	一般港口
	麻城市	河南省、安徽省	否	否	5	5	无
	武穴市	江西省	否	否	2	3	重要港口
咸宁市	通城县	湖南省、江西省	否	否	1	1	无
	崇阳县	江西省	否	否	1	1	一般港口
	通山县	江西省	否	否	2	2	一般港口
	赤壁市	湖南省	是	否	3	4	一般港口
随州市	随县	河南省	否	否	3	3	无
	广水市	河南省	否	否	2	2	一般港口

续表

所属地区	待选县市	接壤省份	是否沿长江	是否沿汉江	占有交通轴线数（条）	总轴线数（条）	港口等级
恩施市	利川市	重庆市	否	否	3	3	无
	建始县	重庆市	否	否	3	3	无
	巴东县	重庆市	是	否	2	3	重要港口
	宣恩县	重庆市	否	否	0	0	无
	咸丰县	重庆市	否	否	0	0	无
	来凤县	重庆市、湖南省	否	否	0	0	无
	鹤峰县	湖南省	否	否	0	0	无

注：表中"交通轴线数"包含经过该地区的国家干线高速公路和铁路，将"是"赋值为1，"否"赋值为0，与"占有交通轴线数"进行加总得到"总轴线数"此项取值。

5.2.2.5 时空距离分析

"点－轴"系统理论的本质是对区域最佳结构和最佳发展模式的抽象和概括，所谓"点－轴"开发，就是以具有良好发展条件的交通干线为"轴"，然后集中资源对"轴"上若干个"点"进行重点开发建设，由依次激发"点"的极化逐渐形成一条"轴"的动态延伸和聚集，并对这一过程进行持续深化和拓展，从而实现整个区域的均衡发展。因此，"跨城区"的选择必须同武汉市存在较强的连接性。"跨城区"的选址，不宜过近，也不宜过远。过近，可能会加剧中心城区"摊大饼"式扩张的弊端；过远，则加大交通成本，难以吸引中心城区的人口和产业有序转移。

在湖北省内，理想的武汉市"跨城区"不仅位于与周边省份交界地带，还必须与武汉市之间有便捷的干线交通相连接。时间距离是一个与空间距离相对的概念，后者基本等同于地图上的距离，而前者反映的是实际生活中的空间可达性，用来衡量两地之间人员、物资、资本、信息、技术相互交流所必须承受的时间成本。时间成本越低则两地交流越容易且越有潜力，反之则越困难，因而时间距离常被用来代表两地之间相互联系的紧密程度。如果"跨城区"与中心城区之间时间距离超过一定范围，那么便难以吸引中心城区的资源,设立"跨城区"的目的也就难以实现。在我国当前的交通运输体系内,水路运输主要用于货运,航空主要用于国际和省际的客流运输,因此,拟定"跨城区"与武汉市中心城区之间的距离将完全取决于高速公路、铁路和高速铁路(含城际铁路)的便利程度。

各"跨城区"候选县市与武汉市主城区之间的空间距离恒定不变,而它们之间的时间距离因所采用的交通方式而异。为便于计算和比较,在同时存在多种交通方式的情况下,本书取最快交通方式所耗时间来指代两地之间的时间距离。结合当前交通运输的实际情况,假定连接方式均为高速公路,且高速公路的设计时速平均为 120 公里,日常可实现的时速为 100 公里,则计算出各待选"跨城区"与武汉主城区之间时空距离如表 5-5 所示。

表 5-5　　　　　　各候选县市与主城区之间的空间距离和时间距离

所属地区	待选县市	接壤省份	空间距离(公里)	时间距离(小时)
黄石市	阳新县	江西省	177	1.77
十堰市	郧西县	陕西省	504	5.04
	竹山县	陕西省	585	5.85
	竹溪县	重庆市、陕西省	657	6.57
	丹江口市	河南省	377	3.77
宜昌市	五峰县	湖南省	466	4.66
襄阳市	老河口市	河南省	350	3.50
	枣阳市	河南省	245	2.45
孝感市	大悟县	河南省	131	1.31
荆州市	公安县	湖南省	260	2.60
	监利县	湖南省	197	1.97
	石首市	湖南省	318	3.18
	洪湖市	湖南省	135	1.35
	松滋市	湖南省	278	2.78

续表

所属地区	待选县市	接壤省份	空间距离（公里）	时间距离（小时）
黄冈市	红安县	河南省	96	0.96
	罗田县	安徽省	134	1.34
	英山县	安徽省	162	1.62
	蕲春县	安徽省	150	1.50
	黄梅县	江西省、安徽省	197	1.97
	麻城市	安徽省、河南省	116	1.16
	武穴市	江西省	163	1.63
咸宁市	通城县	江西省、湖南省	203	2.03
	崇阳县	江西省	165	1.65
	通山县	江西省	133	1.33
	赤壁市	湖南省	135	1.35
随州市	随县	河南省	195	1.95
	广水市	河南省	144	1.44
恩施市	利川市	重庆市	605	6.05
	建始县	重庆市	510	5.10
	巴东县	重庆市	483	4.83
	宣恩县	重庆市	583	5.83
	咸丰县	重庆市	635	6.35
	来凤县	湖南省、重庆市	690	6.90
	鹤峰县	湖南省	577	5.77

注：本表数据为笔者采用地图软件自行测量。

按这种方法测算出的时间距离虽与实际情况存在一定的差异，但基本能反映各候选地区与武汉市主城区之间的交通便利程度。根据实际生活经验，我们假定 1 小时以内的通勤时间为距离太近（两点之间轴线过短，违背设立"跨城区"的初衷），3 小时为频繁往来所能够忍受的最大通勤时长，则拟定的"跨城区"与武汉市中心城区之间的时间距离应为 1～3 小时。依据此项，我们可以初步排除老河口市、石首市、红安县以及十堰市、宜昌市、恩施市下辖的全部县市。并且,在与陕西省和重庆市接壤县市中,无一符合上述时间距离要求。

分别考虑武汉市通过相应"跨城区"与湖北省周边 6 个省份进行经济对接的需求,来进行"跨城区"的选择。分析如下:

(1)江西省。在湖北省境内与江西省接壤的阳新县、黄梅县、武穴市、通山县、崇阳县中,武穴市、黄梅县和阳新县都拥有最多的 3 条轴线数,其中武穴市和阳新县拥有重要港口,区位优势明显。因此,从中保留武穴市和阳新县待选。

(2)陕西省。在湖北省境内与陕西省接壤的所有县市中,无一符合时间距离要求。

(3)河南省。在湖北省境内与河南省接壤的老河口市、枣阳市、大悟县、丹江口市、红安县、麻城市、随县、广水市中,麻城市拥有最多轴线数,为 5 条,也是全部 34 个观察对象里面最多的,因此首选麻城市。老河口市、丹江口市、红安县不符合时间距离要求,枣阳市和随县都拥有 3 条轴线,作为备选。

(4)重庆市。在湖北省境内与重庆市接壤的所有县市中,无一符合时间距离要求。

(5)湖南省。34 个观察对象中,与湖南省接壤的多达 10 个,在周边 6 个省份中排名第一,它们分别是来凤县、鹤峰县、赤壁市、通城县、石首市、洪湖市、松滋市、五峰县、公安县、监利县,选择难度较大。首先用时间距离条件排除五峰县、石首市、来凤县和鹤峰县等 4 个县市,它们距武汉市时间距离均在 3 小时以上。在剩余 6 个县市中,赤壁市拥有 4 条轴线,排名第一;公安县拥有 3 条轴线,排名第二;并且二者均拥有港口,区位优势明显;此外,在 6 个县市中仅洪湖市拥有重要港。因此首选赤壁市,备选公安县和洪湖市。

(6)安徽省。在湖北省境内与安徽省接壤的罗田县、英山县、蕲春县、黄梅县、麻城市中,麻城市拥有最多轴线数,为 5 条。黄梅县和蕲春县均拥有 3 条轴线,且拥有一般港。因此首选麻城市,备选蕲春县、黄梅县。

通过以上分析,我们将选择范围初步缩小到以下 10 个县市:武穴市、阳新县、麻城市、枣阳市、随县、赤壁市、公安县、洪湖市、黄梅县和蕲春县，具体如表5-6所示。

表5-6 武汉市"跨城区"初选名单

接壤省份	首选县市	备选县市
江西省	武穴市、阳新县	—
河南省	麻城市	枣阳市、随县
湖南省	赤壁市	公安县、洪湖市
安徽省	麻城市	黄梅县、蕲春县

5.2.3 最终选址及说明

结合前文分析，综合考虑地理位置、交通区位、产业结构、人口规模等诸多方面因素，最终在初选结果的10个县市中选择6个作为武汉市"跨城区"最优选址，分别为武穴市、黄梅县、麻城市、赤壁市、洪湖市和公安县。其中，赤壁市与洪湖市、武穴市与黄梅县在地理位置上相邻，既然以后同归武汉市管辖，可将其两两合并，因而最终组成4个"跨城区"——武穴-黄梅区、赤壁-洪湖区、公安区、麻城区。

5.2.3.1 武穴市与阳新县比较

在与江西省接壤的8个"跨城区"候选项中，阳新县和武穴市交通区位最好，都拥有3条重要轴线，且均拥有重要港。经过综合考虑后，最终选择武穴市，原因有以下几点：首先，武穴港在以上海市为龙头、以武汉港为依托、以重庆市为龙尾的黄金水道中是一个重要的补给港口，它不仅是武穴市联系"长三角"地区最为便捷、高效的窗口，它的稳定高效运行还关系到整个鄂东地区的经济发展；其次，武穴港是长江中游北岸的深水良港，而且是长江干线航道25个重点港口之一，在长江北岸安庆至武汉超过400公里的航道区间内，仅有武穴港可以靠泊5000吨级的客货轮船；最后，连接北京与香港的京九铁路和连接上海与成都的沪蓉高速在武穴境内交汇，它们对于全国而言都是极为重要的交通干线，已经并将持续助力武穴市的经济发展。基于以上原因，与江西接壤的武汉市"跨城区"首选武穴市。

5.2.3.2 黄梅县

黄梅县为国家级点状分布重点开发区域。在交通区位上，小池镇位于黄梅县最南端，地处湖北省、江西省和安徽省三省交界处，与国家级经济开发区江西省九江市仅为一桥之隔，是长江中游城市群中鄂赣两省连接的重要节点和湖北沿江经济带重点开发的城镇。近年来，位于小池镇的黄梅港发展迅速，与武汉城市圈内的其他港口分工合作明显加强，被选定为武汉市对接江西省的"跨城区"以后，可以更好地发挥窗口功能，加强与九江市的联系，为湖北省和江西省两省的经济交流乃至为长江中游城市群的相互融合发挥积极作用。

5.2.3.3 公安县

湖北省有 34 个县市与周边 6 个省份接壤，与湖南省接壤的数量为 10 个，在这 6 个省份中是最多的，10 个县市中有 5 个属于湖北省荆州市。荆州是湖北省境内唯一的一座千年古城，现在依然是江汉平原的中心城市，一直以来都是鄂中南地区商贸物流的中心集散地，拥有较强辐射能力。国务院于 2014 年 9 月 25 日发布的《关于推动长江经济带发展的指导意见》提出，要把荆州建设成为长江沿线主要港口和区域性物流中心。从长江经济带建设的角度来看，荆州所辖 8 个县市区全部临江，合计拥有长江径流里程长达 483 公里，位于长江中下游城市之首。因此，在荆州市范围内与湖南省接壤的 5 个县（县级市）中选择了拥有最多轴线数的公安县。

5.2.3.4 赤壁市与洪湖市合并

在地理位置上，洪湖市是武汉市与荆州市之间的重要节点城市，是荆州市通往武汉市的"东大门"和承接产业转移的"桥头堡"。它不仅拥有省内最大的淡水湖——洪湖，还拥有长达 135 公里的长江岸线，占全省长江岸线总长的 12.7%，也是长江流域拥有岸线最长的县市，地理位置十分优越。在战略规划上，洪湖市是长江经济带和洞庭湖生态经济区两大国家战略、武汉城市圈和鄂西生态旅游圈两大省级战略的叠加区，政策资源十分丰富。洪湖市新滩镇与武汉市沌口工业区隔长江相望，随着 2009 年汉洪高速东荆河大桥通车，洪湖市新滩镇到位于沌口的武汉经济技术开发区只需 30 分钟车程，是武汉市大型产业转移的理想承接地，而且武汉经济技术开发区也已"经济托管"洪湖市新滩新区，将其作为武汉市"跨城区"来建设是非常理想的选择。

然而，历史上由于受到工程技术的限制，很多大型交通线路的规划建设都会避开水网密布的洪湖市，导致其除了长江之外再无其他交通轴线通过。赤壁市与洪湖市隔江相望，拥有 4 条轴线，在与湖南省接壤的 10 个县（县级市）中排名第一。赤壁市位于武汉城市圈和长株潭城市群两型社会综合配套改革试验区连接线上，有利于更好的承接长江经济带的产业转移，推动区域间产业升级和科技创新合作，全面提升自主创新能力，推进信息技术与产业融合发展，加快开发区由工业基地向创新高地转变。因此，本书认为二者应该优势互补，合并以后整体作为武汉市对接湖南的"跨城区"。

5.3 "跨城区"的设立

5.3.1 执行步骤

本书提出的"跨城区"方案涉及政府部门众多，层级复杂，增加了行政审批的难度。依据《国务院关于行政区划管理的规定》第四条，县级以上行政单位的设立、撤销和隶属关系变更由国务院审批。本书拟设立的 4 个"跨城区"均为县级单位，其隶属关系由原地级市变更为武汉市需要报国务院审批。因此，方案拟定以后，首先应由 4 个"跨城区"现在所属的荆州市、黄冈市和咸宁市以及武汉市组织有关部门进行可行性论证，论证结果经湖北省政府研究同意后，再报请国务院批准。《中华人民共和国行政许可法》实施后，政府行政审批事项减少，政府管理功能从微观转向宏观、从直接转向间接，提高了行政效率，减少了行政成本，有利于"跨城区"选址、设立和建设过程的快速推进。但是，"跨城区"的构想是一项创新研究，存在若干无法预料的风险。为了便于方案的快速有效实施，同时也是出于稳妥起见，可按照"先期试点——中期攻坚——后期复制"的顺序来逐步推进，分阶段进行"跨城区"建设。

第一阶段：先期试点。在拟设立的 4 处"跨城区"中，武穴－黄梅区位于长江经济带湖北段的最东头，与江西省隔江相望，基础设施水平尚可，且拥有长江干流重要港口，区位优势明显。将武穴－黄梅区作为设立"跨城区"的先期试点，既包含了各个县市的共性特征，又结合了两县合并为一区的复杂性，而且武穴、黄梅两地同属黄冈市管辖，操作起来相对简单，有利于前期的摸索和经验教训的总结。同时，由于两地都拥有重要港口，已经与作为长江中游航运中心的武汉市产生了诸多业务联系，有利于"跨城区"模式的先期试点。

第二阶段：中期攻坚。拟将赤壁－洪湖区放在第二阶段设立，两地分属咸宁市和荆州市管辖，二者的合并需要两个地级政府的密切配合，同时还涉及赤壁和洪湖两套县级领导班子的整合，一系列的沟通协调问题、利益分配问题、人事安排问题等都是"跨城区"在设立过程中必须跨越的障碍，不仅需要借鉴上一阶段取得的经验教训，更有赖于省级政府的统筹安排。

第三阶段：后期复制。在先期试点和中期攻坚阶段完成后，预期能摸索出一套初具雏形的"跨城区"设立程序。将公安县和麻城市的"跨城区"设立工作放在这一阶段执行，既是对前面两阶段取得成果的"量产化"应用，也可以对"跨城区"模式的可复制性进行检验，为今后大范围的推广夯实基础。

如果上述三个阶段的合并和设立工作能够顺利推进并取得实际效果，将为"跨城区"方案的可行性和可复制性提供有力支撑，有助于该方案在全国其他省份的进一步推广。作为区域经济治理的一项重大探索，拟定的这 4 个"跨城区"可能会长期存在，可能会因为各种因素而个别取消，也可能会有新的"跨城区"诞生。虽然本书基于武汉市的情况来举例分析，但"跨城区"方案适用性绝不仅限于武汉市。设立"跨城区"的初衷之一就是为了解决省域中心城市日益严峻的"聚集不经济"问题，因此，凡是已经发展到一定规模、"一城独大"明显且存在"聚集不经济"的省域中心城市都可考虑"跨城区"发展模式，为经济发展创造新的增长点。

5.3.2　配套措施

一旦设立"跨城区"的构想获得决策层采纳并被开始施行，如表 5－7 所示，需采取的配套措施主要可分为建立完善协调机制、完善基础设施建设和促进经济一体化发展等三大领域。

表 5－7　　　　　　　　　"跨城区"设立后应采取的配套措施

领域	具体措施	关键词
协调机制	建立协调机构	统一管理、统一规划
	新的监督、考核机制	包含环境、综合考核
	更新各级发展规划	合理分工、优势互补
	完善财税、投融资政策	协调发展、杜绝恶性竞争
	试点户籍制度改革	保障产业工人和农民工的权益
基础设施	完善交通设施建设	省内主通道、"跨城区"周边路网
	完善信息网络建设	电子政务、信息公开
	完善配套设施建设	高等院校、科研院所、社保服务
经济一体化	推进市场一体化	现代物流、综合商业集团
	推进产业一体化	产业规划、立足特色资源
	推进金融一体化	网点拓展、银企合作

"跨城区"设立后应采取的配套措施分别如下：

5.3.2.1　建立完善协调机制

（1）要建立完善协调机构。"跨城区"原有的行政管理层级太多，这意味着更慢的决策流程和更复杂的利益权衡分配，不利于"跨城区"设立后各项工作的快速推进。在行政管理上，"跨城区"政府（或者管委会）应直接向武汉市政府负责，由武汉市统一规划、统一管理、统一考核。"跨城区"自身也要建立相应的机构，负责"跨城区"本地的规划、建设、协调和跟踪服务等工作。要充分借鉴和吸取中心城市在各类开发区建设中积累的经验和教训，引入已经经过实践检验的各类招商引资优惠政策，对入区企业实行"一条龙"代办服务制度，以便快速地进行招商引资。

（2）要建立新的监督机制和政府考核机制。在对"跨城区"管理层的考核体系中，首先应该综合考虑"跨城区"对武汉市和省域经济整体的贡献，而不应仅局限于"跨城区"自身的经济发展；由于"跨城区"的领导层设置需要综合考虑中心城市、原归属地和"跨城区"本地三方的利益，官员必定来源多样且流动性相对较大，为了避免官员出现短期行为，应适当延长官员的考核期，而不仅仅局限于官员的任期；"绿水青山就是金山银山"，发展经济不能以牺牲环境为代价，这是我们在过去几十年的经济建设中以惨痛代价换来的教训，"跨城区"不能走"先污染再治理"的老路，因此要将环境保护、资源利用等指标纳入官员的考核体系中来，而不是仅仅以 GDP 作为唯一指标。

（3）要更新并协调各级政府的发展规划。在省域层面，要认真梳理各地现行的政策体系，在工商管理、商品检验、技术监督、行政收费等方面，消除对人才、资本、资源跨区流动的限制；在中心城市层面，要启动各城区空间一体化发展的规划工作，对区域体系、产业重点、功能分区、要素流动、基础设施等进行统筹规划，明确各城区定位分工以实现优势互补；在各城区层面，针对"跨城区"设立带来的新形式，要尽快更新各自的总体规划和专项规划，实现各区之间规划对接、协调发展；在"跨城区"层面，要对"跨城区"的投入以及管理方式、财税分配比例、GDP 统计指标等作出详细规划，以促进要素之间顺畅流动，尤其是对财政补贴、用地指标、融资贷款、电费补贴等关键性的政策要予以完善。

（4）要完善"跨城区"的财税、投融资配套政策。建立一个区域优势互补平台，实现"跨城区"资源优势与主城区经济优势的有机结合。在招商引资中，既要发挥政府的作用，也要重视民间的作用，按照谁投资、谁受益的原则，吸引民间资金投入基础设施和公益事业开发建设，合理整合财政资金，注重吸纳民间资本，支持支柱产业做大做强；要清理并协调各区地税、招商引资优惠政策和行政事业性收费，注重协调发展，避免恶性竞争；要出台政策吸引外资和国际金融组织贷款，支持各"跨城区"的基础设施建设。

（5）试点户籍制度改革。"跨城区"设立的重要初衷之一是要"以点带面"加速推进城镇化，"跨城区"的发展不仅需要各类知识型、技能型人才，也需要从本地和周边地区吸收大量的农民，并将其转化为产业工人。武汉市当前吸引大学生落户的政策并没有涵盖这些即将前往"跨城区"工作和生活的产业工人，可在"跨城区"范围内进行户籍制度改革试点，保障这些产业工人的医保、社保和子女受教育权利，为"跨城区"快速发展对人力资源的需求提供制度保障，也是为推进"新型城镇化"进行一项重大制度探索。

5.3.2.2　完善基础设施建设

（1）完善交通设施建设。"跨城区"与中心城区之间的联系依托快捷可靠的交通和通信基础设施。为了应对即将到来的大规模开发建设，不仅要拓宽二者之间的主要通道，还要同时建设"跨城区"与周边地区之间的交通网，从"点－轴"开发模式慢慢转变为"以点带面"的现代区域经济结构；结合湖北省交通运输当前的实际状况，要以实现高速化、网络化为目标，同时为了充分发挥"跨城区"与相邻省份的交流窗口作用，还要加强这四个拟设立"跨城区"出省的公路、铁路、水路网络建设。除此之外，长江和汉江作为湖北省经济发展轴线和"跨城区"选址的依据，重要性不容忽视，应继续做好两江航道整治工作，保障并持续提升其通航能力。

（2）完善信息网络建设。"跨城区"要以推进电子政务和政府信息公开为突破口，建立公共信息平台，实现与主城区之间互联互通；在各城区之间搭建重点项目信息库，实现商务信息和信用信息的共享和互联互通；在"跨城区"试点更充分、更及时的信息披露制度，及时向全社会公布最新的经济政策、产业政策、经济运行情况和重大项目招标等信息。

（3）完善配套设施建设。充分利用中心城市的科教资源，鼓励所属大专院校、科研院所和研发机构与"跨城区"区开展联合办学、设立分支机构和科技成果转化基地，鼓励中心城市的科研机构建立面向"跨城区"企业的技术服务中心，方便科研人员以各种方式为"跨城区"企业提供技术服务；完善"跨城区"医保社保体系，让"跨城区"享有与中心城区居民同等的医保、社保待遇，加大对"跨城区"医疗基础设施建设的投入，以中心城区的标准来完善"跨城区"的医疗卫生体系；积极引导开发商在"跨城区"投资房地产和商业地产，完善居民生活、娱乐、休闲的配套设施建设，争取就近满足居民的各类消费需求。

5.3.2.3 促进经济一体化发展

"跨城区"在行政区划上并入中心城市以后，只是初步实现了政治上的一体化。要实现经济上的一体化发展，应着力从市场、产业和金融等三大领域的一体化入手，具体如下：

（1）推进市场一体化，培育公平的竞争机制。"跨城区"政府要从中心城市的高标准出发，健全并严格执行各类市场法规，创造平稳有序、公平竞争的市场环境。推进市场一体化的关键在于建立现代高效的物流体系，要充分发挥"跨城区"的区位和交通优势，按照"市场引导、政府推进、行业协调、企业运作"的方式，优化物流资源配置，培育现代物流需求；在全市范围内建立物流基础设施平台和物流公共信息平台，出台政策鼓励并扶持现代物流业发展，在政府各部门间建立协调管理机制，在现代物流企业间建立协同运作机制；在包括"跨城区"在内的各城区建立转运中心、配送中心，建设现代化物流基地；培育包括货主物流企业、第三方物流企业、物流装备制造企业、物流信息企业、物流基础设施企业在内的现代物流企业群；为物流企业创造良好的投资经营环境，推动行业对外开放，吸引国内外知名的物流企业来"跨城区"发展业务；发挥中心城市商贸流通业发达的优势，鼓励所属大型商业公司（如武汉市的鄂武商 A、中百集团、武汉中商和汉商集团）把分支机构延伸到"跨城区"。

（2）推进产业一体化，完善企业网络。"跨城区"设立以后，要从一开始就做好产业规划，确保"跨城区"各项产业的高质量发展。在建设初期要形成以特色资源及其深度加工为特点的产业园区，引进中下游配套项目，充分发挥产业集聚效应，进行产业的延伸和联合，从而带动"跨城区"的整体发展。在我国部分城市的招商引资过程中，因持续给予外资企业各类"超国民"待遇，使得本地企业难以参与由外资企业主导的产业链，如果后续发生市场变化或者失去劳动力成本优势，整个产业链就可能随着外资的撤离而转移，造成产业空心化，进而引发一系列的经济和社会问题。为了避免这种局面，"跨城区"所承接的产业转移一定要结合本地的产业特色和资源，对各类企业实行无差别待遇，实现企业生态的多样化，因地制宜地促进当地产业发展。此外，总部经济是推动地方快速聚集资源、加快发展速度、提升产业能级的重要渠道，要鼓励中心城市中心城区的企业，将总部留在中心城区的同时，将生产基地转移到成本更低、政策更优惠的"跨城区"，形成互利共赢的经济格局。

（3）推进金融一体化，创造良好金融生态环境。因为中小微企业体量小、决策周期短、布局相对灵活，因而"跨城区"设立以后率先落地的可能是大量的中小微企业，如何保障它们的资金需求就成为重中之重，因此要推进"跨城区"与中心城区之间的金融网络一体化建设，创造良好的金融生态环境。以武汉市为例，可充分发挥其作为央行、商业银行、证券公司、保险公司、信托公司区域总部所在地的优势，建立覆盖中心城区和"跨城区"的企业诚信体系和信用担保体系，简化担保手续，降低担保费率，在风险可控的前提下扩大担保放大倍数，优化金融环境。同时，要鼓励以武汉市中心城区为经营管理中心的各商业银行、证券公司、保险公司和信托公司重组"跨城区"原有的各类中小金融机构，根据开发建设的需要，增加分支机构的网点密度。特别是要加强银企合作，积极推动异地贷款业务，促进中心城区和"跨城区"信贷市场融合。

在"跨城区"项目具体实施过程中，除了上述三大"一体化"举措之外，要始终注重可持续发展。"跨城区"在承接产业转移时不能以牺牲区域生态环境为代价，严格控制高能耗高污染企业的落户，杜绝不符合产业规划的项目引进。

5.4 可行性分析

根据增长极理论,少数优势地区和少数优势产业能够带动区域内整体经济的发展,因此在经济发展的初期阶段,应集中区域内的资源把个别有潜力的地区和产业培养成为引领区域经济发展的增长极。增长极的培育包含两个基本条件:首先,被培育的地区(城市)必须具备一定的规模,后期才有能力带动区域整体的发展;然后,被培育地区(城市)必须拥有推进型的产业和相关企业,作为后期发挥引领带动作用的载体。当上述两个条件被同时满足时,发展成型的"增长极"就能够通过扩散效应和回流效应带动周边地区的发展。基于上述理论,本书认为:

(1)在拟定"跨城区"的选址过程中,本书综合考察了34个候选对象的政策条件、交通区位条件、产业条件、人口规模等因素,初步筛选出6个县市组成4个武汉市"跨城区"。依据各自的资源禀赋和经济发展现状,它们不但拥有具备一定竞争力的优势产业群,还能够承接中心城市的产业转移,从而实现双方共同优化产业结构,拉动区域经济发展。在其他条件不变的情况下,上述地区若能成为中心城市"跨城区",通过享受中心城市更具竞争力的优惠政策,加上自身已经具备的交通区位、产业、人口等方面的优势,将实现经济更快发展。与此同时,根据"跨城区"模式的重要理论基础"点-轴系统"理论,"跨城区"与中心城区之间将形成能够使人员、资源快速流通的"发展轴",从而带动沿线地区的经济发展。因此,"跨城区"模式的提出,是对增长极理论和"点-轴系统"理论的具体实践。

(2)根据城市空间扩展理论,城市在发展和扩张的过程中,不应只考虑其自身的扩展模式、扩展机制,还应充分论证和权衡城市扩张对周围环境的影响。"跨城区"的设立有效拓展了中心城市的经济活动空间,在选址的过程中就有充分的灵活性,可从一开始就有效避开那些生态环境脆弱的区域和限制、禁止开发区域,实现"生态友好型"扩张,从而符合这一指导理论的内涵。

综上所述,"跨城区"模式的提出,符合增长极理论、"点 – 轴系统"理论和城市空间扩展理论的基本观点,是对这些理论应用和发展的进一步探索,具备可行性。拟定的 4 个"跨城区"设立以后,将在与武汉市的"政策互动""产业互动""人员互动""资源互动"过程中发展成为省域经济的新增长极,并结合经济纽带对沿线地区的辐射作用,拉动全省经济发展。

5.5 本章小结

本章结合湖北省武汉市的实际情况,严格依据"点 – 轴系统"理论的基本原理,在全省范围内为武汉市选定 4 个"跨城区",并对选址过程进行了详细阐述。按照先易后难的原则,本书建议"跨城区"的设立工作分先期试点、中期攻坚和后期复制三个阶段来推行,并具体从完善协调机制、完善基础设施建设和促进经济一体化发展三大领域来开展。

根据研究的初衷,为省域中心城市设立"跨城区"旨在解决一系列现实问题,通过以点带面,实现中心城市的有序扩张并带动省域经济整体发展。然而在实际操作过程中,"跨城区"的设立、建设和发展是一项复杂的系统工程,将不可避免地面临诸多障碍和挑战,有些甚至是预料之外的。因此,在选定"跨城区"以后,还要充分结合国情、省情以及中心城市和"跨城区"当地的实际情况,在制度层面、政策层面和监管层面作进一步的研究。

| 第6章 |

"跨城区"城市空间扩展模式效果评估

"跨城区"的设立将会对中心城市的城市空间组织演变带来显著的影响，促进其发展趋势由向心集中变为离心分散，主要经济活动和人口分布的范围进一步拓展，附加值相对较低的传统产业向"跨城区"扩散，既包括设备、车间、工厂的有形扩散，还包括资本、技术的无形扩散，这些扩散最终会加强省域经济的相互联系，省内各城市的各项职能定位进一步明确和分化，从而促进整个省域经济的发展。

按照本书第5章以湖北省为例进行的模拟实践，"跨城区"设立以后，如表6-1所示，"新武汉市"将由7个中心城区、6个远城区和4个"跨城区"共计17个城区组成。

由于"跨城区"模式是一个全新的概念，没有现成的案例可循或者现成的统计数据可供分析，因而我们还无法对它拉动经济增长的效果进行准确评价。但可以预见的是，"跨城区"的设立将

表 6-1   "新武汉市"下辖城区组成

城区类型	数量（个）	具体构成
中心城区	7	江岸区、江汉区、桥口区、汉阳区、武昌区、洪山区、青山区
远城区	6	东西湖区、汉南区、蔡甸区、江夏区、黄陂区、新洲区
"跨城区"	4	武穴—黄梅区、赤壁—洪湖区、公安区、麻城区

会给本地、武汉市、湖北省带来重大影响，为湖北省的地方经济的增长创造新引擎。在这一章节，本书将会建立模型，利用历年《湖北统计年鉴》数据对"跨城区"拉动经济增长的作用进行模拟实证分析。

6.1   "跨城区"对武汉市的影响

基于城市与区域之间的导向性联系，"跨城区"的设立对武汉市而言，不仅仅是行政区划面积的扩大，而是会带来政治、经济、社会、人口、规划、管理、产业、交通、基建、城市形象等全方位的影响。"跨城区"的设立对武汉市的影响应该分为两个方面：一是对"旧武汉市"的影响，即合并这四个"跨城区"之前的武汉市；二是对"新武汉市"的影响，即并入四个"跨城区"以后的武汉市，下面分别进行论述。

6.1.1   对"旧武汉市"影响

因为在空间上存在一定的"安全距离"，所以"跨城区"的设立不但不会导致"旧武汉"地位下降、经济空心化，还能帮其规避目前西方主要城市普遍面临的"逆城市化"的风险。除此之外，"跨城区"的设立还将会对"旧武汉市"带来产业结构优化、人口负荷变轻等影响。

6.1.1.1   产业结构优化

武汉市的产业结构现状是政治学术界的一个研究热点，相关文献较为丰富且结论基本一致，本书在此结合武汉市 2010~2017 年统计公报做一个简单概述和简要分析。"跨城区"设立之前"旧武汉市"的基本产业结构状况如下：

第一，武汉市在 2010~2017 年的产业结构变化表现出以下特征：总量持续快速增长，第一产业占比下降，第二产业占比波动变化且基本保持稳定，第三产业占比持续提升，总体符合产业升级的一般规律，但第二、第三产业比重差额不大。2017 年武汉市的三次产业结构比为 3.0 : 43.7 : 53.3，与南京市和杭州市等其他二线城市相比（如图 6-1 所示），GDP 结构仍然偏"重"，就业结构的发展步伐落后于产业结构升级的节奏，第三产业创造就业机会的潜能并未被充分发掘。若与北上广深等一线城市相比，差距更为明显（瞿风梅，2013）。

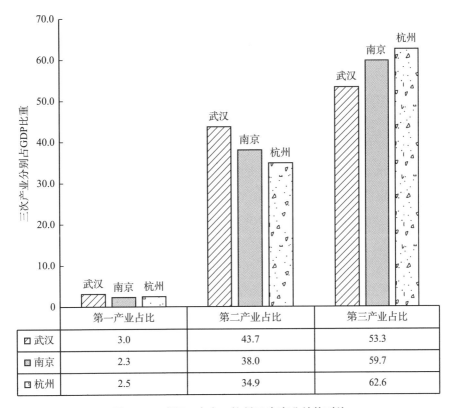

	第一产业占比	第二产业占比	第三产业占比
武汉	3.0	43.7	53.3
南京	2.3	38.0	59.7
杭州	2.5	34.9	62.6

图 6-1　武汉、南京、杭州三次产业结构对比

资料来源：2000~2017 年《湖北统计年鉴》。

第二，从 2017 年的数据来看，武汉市重工业比重过大，轻重工业比例失调，总体上依然属于重化工业城市；制造业行业门类齐全，单位总量不断增加，在工业中占据绝对主导地位，但制造业产品的科技含量和产品附加值依然相对较低，产业关联度较弱，与沿海制造业发达的城市相比还存在一定的差距；制造业构成依然以传统制造业为主，2017 年产值超百亿元、具有明显规模效应的行业有：农副产品加工业，酒、饮料和精制茶制造业，烟草制品业，黑色金属冶炼和压延加工业，汽车制造业，电力、热力生产和供应业。虽然新兴制造业产值持续攀升，但占比依然不足。

第三，武汉市服务业增速较快，但是在覆盖范围、专业程度、行业竞争状况等方面与一线城市相比依然存在明显差距，一些高端服务项目依然需要从区域外引进。

在此情况下，"跨城区"的设立可对武汉市的产业升级带来两方面的影响：一是促进以第二产业为主导向以第三产业主导的转型，即以高附加值的新兴产业逐渐替代低附加值的传统制造业，例如，农副产业加工业属于传统的劳动密集型产业，技术含量较低，随着武汉市劳动力成本逐年攀升，对于市内其他产业的比较优势将逐步减弱，而拟定的"跨城区"之一麻城市依然保有大量的药材加工等低附加值产业，劳动力成本相对较低且已经具备相关技能，适合承接相关的产业转移；二是随着低层次制造业的逐渐外迁，会明显缓解武汉市中心城区的人口压力，为吸引更多符合武汉市发展方向的产业和人才腾出空间，进而实现中心城区的产业结构和劳动力结构持续升级。

6.1.1.2 人口负荷变轻

当前，武汉市中心城区人口压力较大，公用设施超负荷运行，交通系统十分拥堵，这种局面在"跨城区"设立以后将得到明显缓解。

随着城镇化的推进，我国人口总的迁移趋势是从三线、四线城市向一线、二线城市迁移，从城市边缘地区向城市中心城区迁移。从《湖北统计年鉴》中收集数据，观察省内各主要城市在 2000～2017 年的人口变化情况。从图 6-2 中可以明显看出，作为湖北省内唯一的二线城市，武汉市的人口规模增长接近 50%，而省内其他城市的人口规模基本保持不变，咸宁市、随州市等城市甚至出现了较为明显的人口规模下降,下降幅度分别为 8.55% 和 11.07%。如果把湖北省内除武汉市以外的城市进行人口汇总,在 2000 ~ 2017 年人口规模从 4347.60 万增长到 4431.21 万,增长幅度为 1.92%,远远低于武汉市 45.68% 的增幅①。因而可以得出,在 2000 ~ 2017 年湖北省的人口在逐渐向武汉市集中,武汉市吸纳了全省绝大部分的新增人口,这也是造成武汉市城市日益拥堵的重要原因。人随产业走,可以预见的是,"跨城区"设立以后,人口也将随着产业向"跨城区"转移,有效缓解武汉市中心城区的日益严峻的人口压力。

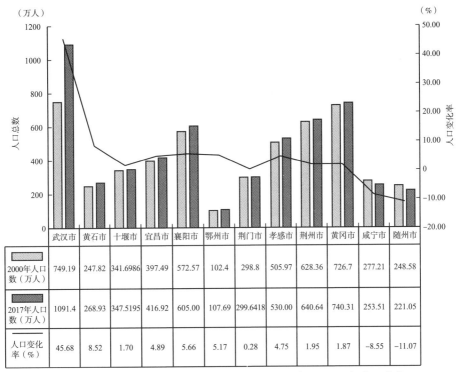

图 6 - 2　2000 ~ 2017 年湖北省各主要城市 2000 年至 2017 年人口变化

资料来源:2000 ~ 2017 年《湖北统计年鉴》。

---

① 《湖北统计年鉴》。

从"旧武汉"的角度看，"跨城区"的设立导致城市的分散化，但是从全省的角度来看，"跨城区"的设立将引发更大范围内的城市集中。"跨城区"人口将增加，制造业、零售业、服务业、社会公用设施、文化娱乐设施等将更加完善，发展到一定阶段以后，中心城市核心城区将与若干个"跨城区"组成一个多中心的、覆盖范围广的超大都市区，在离中心城市核心城区一定距离之外规划设立新的省域经济增长极，与国家中部崛起计划的相关理念不谋而合，同时也符合我国当前推进新型城镇化的战略任务要求。

6.1.2 对"新武汉市"影响

"新武汉"是指"跨城区"设立以后，由中心城区、远城区和"跨城区"共同构成的武汉市。新的武汉市在人口、土地、资源、税收和 GDP 增量上都会发生变化，下面就此进行分析说明：

6.1.2.1 人口密度下降

人口与经济之间的关系属于相互依存、相互制约、相互渗透、相互作用的关系范畴。"跨城区"设立以后，新武汉市的总人口数量会显著增加。基于第六次人口普查的数据，武汉市常住人口为 978.54 万人，而拟设立的"跨城区"黄梅县、麻城市、武穴市、公安县、赤壁市、洪湖市共有常住人口 457.67 万人，两者合计为 1436.21 万人。这个数字只是简单的人口加总，并未考虑"六普"至今武汉中心城区经济增长所带来的人口聚集效应，以及今后产业结构持续升级带来更多就业机会所吸引到的常住人口，因此实际的人口增量会大于 457.67 万，会为武汉市经济的持续发展提供充分的劳动力和消费群体。以"六普"数据计算，在人口密度上，"跨城区"设立以后，人口密度将由"旧武汉市"的每平方公里 1138 人降为"新武汉市"的每平方公里 664 人。

6.1.2.2 就业机会增多

"跨城区"设立以后，就业机会的增多主要体现在以下三个方面：

第一，拟设立的"跨城区"将承接大量产业转移，吸引本地和周边地区人口就近工作；

第二，武汉市中心城区将持续进行产业升级，先进制造业和第三产业占比提升，带来大量就业机会；

第三，"跨城区"设立以后，将带来大量的城市公用设施和基础设施建设需求，在省域范围内创造大量就业机会。

6.1.2.3 经济要素增加

自然资源是经济要素的重要组成部分，自然资源包括矿产资源、土地资源、水产资源、林业资源和水资源等，其中土地资源尤为重要，它不仅是农业生产的载体，也是居民生活及各项经济活动的载体。土地资源的稀缺性、不可移动性和不可再生性等属性使其弥足珍贵，土地资源日益不足也成为当前武汉市城市发展的一个短板。"跨城区"设立以后，武汉市城市面积将由原来的 8594.41 平方公里增加到 21642.76 平方公里，新增土地面积 13048.35 平方公里，约扩大到原来的 2.5 倍，在今后可以预见的数十年中，土地资源都将不会成为城市发展的制约因素。与此同时，对武汉市而言，土地的增加带来还带来了其他自然资源的增加，为各项经济活动打下基础。除土地资源外，拟设为武汉市"跨城区"的 6 个县市部分特色自然资源如表 6-2 所示。

表 6-2　　　　　　　　6 个县市的特色自然资源

县（县级市）	地方特色资源
黄梅县	铁矿、磷矿、黄冈岩、石灰石等矿产资源储量丰富
麻城市	生物资源、旅游资源在国内具有较高知名度
武穴市	出产中草药 500 余种、探明煤炭储量 480 万吨
公安县	棉花产量居全国第 7 位
赤壁市	矿产总储量占全省 11.8%、盛产茶叶、楠竹、猕猴桃、苎麻
洪湖市	石油、天然气、地下水

资料来源：笔者根据公开信息收集整理。

6.1.2.4 经济总量增加

采用最基本的投入产出模型来对总产出的变化情况进行分析，出于谨慎起见，模型中暂不考虑外资和外来劳动力，如果将这两项纳入考虑范围，结果会更为乐观。根据：

$$Y(K, L) = K^{\alpha}L^{1-\alpha}$$

可得：

$$\frac{\partial Y}{\partial K} = \alpha K^{\alpha}L^{1-\alpha} > 0$$

上式表示，增加资本投入会导致总产出增加。

$$\frac{\partial^2 Y}{\partial K^2} = \alpha(1-\alpha)K^{\alpha-2}L^{1-\alpha} < 0$$

上式表明，资本投入的边际报酬递减。同理可得，增加劳动力投入，总产出增加，劳动力投入边际报酬递减。

将资本和劳动力记为 K_h 和 L_h，武汉市作为湖北省绝对的中心城市，资本和劳动力高度聚集，其边际资本报酬率和边际劳动产出相对较小。相对武汉市中心城区而言，"跨城区"较落后，资本和劳动力较为匮乏，记为 K_l 和 L_l，其边际资本报酬率、边际劳动产出较高。

首先，考虑资本流动的情况，固定 L，将从武汉市中心城区转移至"跨城区"的资本量记为 Δk，则两地资本变化如下：

$$K_h \rightarrow K_h - \Delta k$$
$$K_l \rightarrow K_l + \Delta k$$

根据现在武汉市中心城区和"跨城区"之间的经济规模差异，可以合理假设

$$K_h - \Delta k \geqslant K_l + \Delta k$$

记"跨城区"设立之前武汉市和6个县市的总产出为 Y_{total}^{old1}，则有：

$$Y_{total}^{old1} = K_h^{\alpha}L_h^{1-\alpha} + K_l^{\alpha}L_l^{1-\alpha}$$

记"跨城区"设立之后包含4个"跨城区"在内的新武汉市总产出为 Y_{total}^{new1}，则有：

$$Y_{total}^{new1} = (K_h - \Delta k)^\alpha L_h^{1-\alpha} + (K_l + \Delta k)^\alpha L_l^{1-\alpha}$$

"跨城区"设立前后总产出的变化量为:

$$Y_{total}^{old1} - Y_{total}^{new1} = K_h^\alpha L_h^{1-\alpha} + K_l^\alpha L_l^{1-\alpha} - (K_h - \Delta k)^\alpha L_h^{1-\alpha} - (K_l + \Delta k)^\alpha L_l^{1-\alpha}$$

$$= K_h^\alpha L_h^{1-\alpha} - (K_h - \Delta k)^\alpha L_h^{1-\alpha} + K_l^\alpha L_l^{1-\alpha} - (K_l + \Delta k)^\alpha L_l^{1-\alpha}$$

$$\leqslant \Delta k \times \frac{\partial Y(K, L)}{\partial(K_h - \Delta k)} - \Delta k \times \frac{\partial Y(K, L)}{\partial(K_l + \Delta k)}$$

由于 $K_h - \Delta k \geqslant K_l + \Delta k$, 且 $\frac{\partial^2 Y}{\partial K^2} < 0$, 则有:

$$\frac{\partial Y(K, L)}{\partial(K_h - \Delta k)} - \frac{\partial Y(K, L)}{\partial(K_l + \Delta k)} \leqslant 0$$

即:

$$Y_{total}^{old1} - Y_{total}^{new1} < 0$$

然后考虑劳动力流动情况, 固定 K, 将从武汉市中心城区转移至"跨城区"的劳动力记为 Δl, 则有:

$$L_h \rightarrow L_h - \Delta l$$
$$L_l \rightarrow L_l + \Delta l$$

同理可得:

$$Y_{total}^{old2} - Y_{total}^{new2} < 0$$

综上所述, 当"跨城区"设立以后, 资本和劳动力从武汉市中心城区向新设立的"跨城区"流动时, 即当:

$$K_h \rightarrow K_h - \Delta k$$
$$K_l \rightarrow K_l + \Delta k$$
$$L_h \rightarrow L_h - \Delta l$$
$$L_l \rightarrow L_l + \Delta l$$

成立时, 有

$$K_h^\alpha L_h^{1-\alpha} + K_l^\alpha L_l^{1-\alpha} - (K_h - \Delta k)^\alpha (L_h - \Delta l)^{1-\alpha} - (K_l + \Delta k)^\alpha (L_l + \Delta l)^{1-\alpha} < 0$$

因此, 可得:

$$Y_{total}^{old} - Y_{total}^{new} < 0$$

从上述论证可以得出, 即使 K、L 总量保持不变, 只要对二者进行重新配置, 产出总量也会提升。即"跨城区"设立以后, 即使没有新增的资本和劳力，只要发生了从武汉市中心城区向"跨城区"的流动，就可以使新的GDP之和高于"跨城区"设立之前的武汉市和6个县市GDP之和。

6.1.2.5　税收提升

税收是现代国家财政最重要的收入形式和最主要的收入来源，"跨城区"设立以后武汉市税收的增加并不是简单地将原武汉市和原6个县市的加总。影响税收的因素通常包括国内生产总值、社会消费品零售总额、进出口总额、固定资产投资等，本章第6.2节将用计量模型证明，在乘数效应作用下"跨城区"设立会使新武汉市的GDP显著大于原武汉市和原6个县市的GDP之和，即在各项税率保持不变的情况下可以带来更多的税收，增强地方政府的财政实力。

6.1.3　主要数据指标对比

根据以上分析，"跨城区"设立之后武汉市的变化情况可归纳总结如表6-3所示。

表6-3　　　　　　　　　　"跨城区"前后武汉市的变化

指标	"跨城区"设立之前	"跨城区"设立之后
人口	①人口数量多，环境压力大 ②"六普"显示人口总数为9785392人 ③人口密度较高，1138人每平方公里	①随着产业转移，人口向"跨城区"迁移 ②人口总数增加，由于人口的聚集效应，增加数额大于"跨城区"设立时带入的人口 ③人口密度下降为664人每平方公里
土地面积	8594.41平方公里	21642.76平方公里
资源种类	以生物资源和矿产资源为主	增加了金属矿产、药材、林木资源和土地资源，增加了矿产资源的种类和数量
产业结构	第二产业和第三产业比重相当，与国内发达地区相比层次相对较低	中心城区以高新技术产业和服务业为主，产业结构得到改善；"跨城区"承接产业转移，并发展与自身优势资源相符的产业
其他变化	—	①GDP增加，税收增加 ②随着人口的分散，中心城区交通压力得以缓解，居住环境有所改善 ③企业数量增多，就业机会增加

6.2 对"跨城区"当地的影响

6.2.1 经济要素增加

6.2.1.1 投资增加

投资是拉动经济增长的"三驾马车"之一,拟设为"跨城区"的 6 个县市与武汉市相比,人口总和为武汉市的 66%,2017 年完成固定资产投资总额仅为武汉市的 22%,相差极为悬殊(如图 6-3 所示)。而政策待遇的差异,是造成这种问题的重要因素之一。

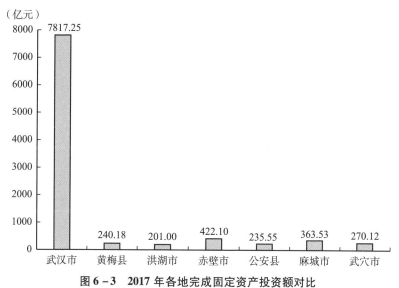

图 6-3 2017 年各地完成固定资产投资额对比

资料来源:《湖北统计年鉴(2017)》。

例如,公安县的《招商引资优惠办法》对在公安县经济开发区内固定资产投资超过 500 万元的项目，建设期间所有规费全免，而大多数项目的建设期通常不超过三年，因此优惠力度有限。相比之下，武汉市内企业享有企业所得税优惠、地方所得税优惠、进口设备税收优惠等一系列优惠。此外，对于在东湖高新技术开发区和经济技术开发区的投资的外资企业，十年内免征地方所得税，并且从开始获利年度起算。从以上对比可以看出，武汉市的优惠政策力度大得多，期限也长得多，比公安县等县市相关优惠政策更具有竞争力。因此，县及县级市虽然土地资源丰富，但各项优惠政策相对较少，再加上基础设施落后，导致在吸引企业落户方面缺乏竞争力，辖区内企业数量少又会导致所能提供的就业岗位有限，造成劳动力大量外流，造成经济发展缓慢。

以上 6 个县市在成为武汉市"跨城区"以后，不但会享受与现武汉市同等的优惠政策，还可能因地制宜，在小范围内享有更优惠的政策。因此，这些"跨城区"在优惠政策和低廉要素价格的帮助下，对域外投资的吸引力将会大幅提升。与此同时，对"跨城区"设立以后的武汉市中心城区而言，随着一些低附加值产业的迁出和土地资源匮乏状况的缓解，土地价格会趋于合理水平，从而提升中心城区的投资吸引力。

因此，黄梅县、麻城市、武穴市、公安县、赤壁市、洪湖市这 6 个县市在成为武汉市"跨城区"以后，将会在优惠政策的助推下吸引到更多的投资，包含企业投资和政府投资。

6.2.1.2 劳动力增加

根据著名人口学家易福莱特（Everett）的"人口迁移理论"，如图 6-4 所示，影响人口迁移的因素可归结为原住地因素、迁入地因素、中间障碍因素、迁移者个人因素等四种（Everett, 1966）。

下面结合"跨城区"的实际情况来进行逐条分析：

（1）原住地因素。拟划为武汉市"跨城区"的 6 个县市，在湖北省内的经济发达程度相对靠后，与广大农村一样，存在大量的外出务工现象。"跨城区"设立以后，对于这 6 个县市的外出务工者而言，留在家乡就业是一个更具吸引力的选择，并且还能兼顾到家人、朋友和社会风俗习惯。

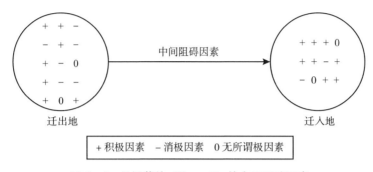

图 6-4 易福莱特（Everett）的人口迁移因素

（2）迁入地因素。"跨城区"设立以后，能够承接到武汉市的产业转移，特别是对劳动力需求量大的劳动密集型产业，这将为"跨城区"周边地区的劳动力，特别是农业生产富余劳动力提供大量的就业机会。

（3）中间障碍因素。"跨城区"设立以后，各种配套政策会相应出台，包括更为优惠的社保政策、吸引落户政策等，会减少劳动力向"跨城区"迁移成本。

（4）迁移者的个人因素。市场经济时代劳动力的流动相对自由，每一位劳动者都能结合自身的实际情况进行综合权衡，从而确定是否迁移。"跨城区"设立以后，会带来大量的产业转型升级，也必然会为从业人员带来更高的收入和生活水平，经济发展规律表明，人口总是向生活水平高的地区流动。

根据上述分析，黄梅县、麻城市、武穴市、公安县、赤壁市、洪湖市在划为武汉市"跨城区"以后，如果能充分借助各类资源，引进或建立起一些具有比较优势的产业，就会吸引到本地外出人口和周边地区人口向其迁移。

6.2.1.3　产业结构升级

产业结构指国民经济的各个产业部门之间和每个产业部门的内部构成。专家学者在量化分析产业结构对经济的影响时，通常采用两种指标表示：一种是投入指标，即将各产业投入生产要素（劳动力、资金等）的数量进行对比，从各产业间资源配置的比较上来分析产业结构；另一种是产出指标，即将各产业产出（增加值、实物量等）的数量进行对比，从各产业生产经营活动的成果来比较和分析产业结构。

如图6-5所示,武汉市与武穴市三次产业构成差异十分显著,前者的第三产业占比已经超过 GDP 的一半,而后者的 GDP 构成中,第一产业占比依然较大。

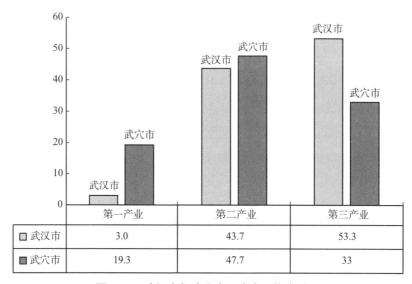

图6-5 武汉市与武穴市三次产业构成对比

产业结构在短期内呈稳定状态,如果发生改变,如图6-6所示,主要是受四个方面因素的影响,分别为:

(1)需求结构的变化。包括中间结构和最终需求比例、不同人均收入水平下的个人消费结构、消费和投资比例以及投资结构。

(2)供给结构的变化。包括生产要素的拥有状况和它们之间的相对价格水平、技术创新与技术结构变动、自然禀赋差异。

(3)国际贸易。增加生产并出口具有比较优势的产品,减少生产并增加进口不具有比较优势的产品,通过贸易来弥补产业发展的不足改善产业结构。

(4)制度安排。经济体制模式决定了产业结构的调节和转换机制,而这种调节机制主要包括政府调节机制和市场调节机制。

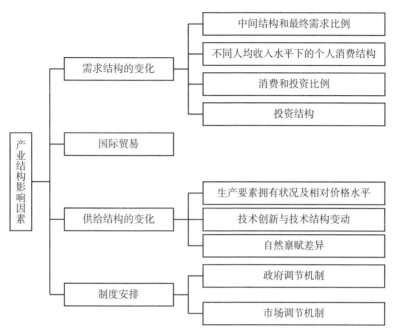

图 6 - 6　产业结构影响因素

"跨城区"方案开始实施后，武汉市中心城区为了优化产业结构，会逐步将低附加值、低技术含量、劳动密集型产业向"跨城区"转移，从而实现自身产业升级。然而，由于两地之间存在显著的产业梯度，这些从中心城区转移出来的产业对于四个"跨城区"而言，依然是高附加值的产业，这种转移可以促进当地技术的发展、管理的提升、劳动者的培养，增强民营经济的活力，为产业结构的持续转型升级打下基础。

6.2.2　模型构建

"跨城区"的设立预期会给当地带来一系列显著变化。但是，由于当地的人口、土地、资源、交通区位等因素是早已存在的，因此可以认为这一系列变化在很大程度上是由政策变化所引起。政策本身并不具有实体，它是众多经济实体的软件环境，难以进行定量的计算。因此，本书引入虚拟变量来对政策变化所带来的影响进行定量分析，模拟"跨城区"的设立对当地 GDP 的影响。

6.2.2.1　方法选择

研究特定变化对经济增长的影响及大小，通常采用计量模型来进行定量分析，本书亦将选取计量模型来定量分析"跨城区"设立以后对当地经济增长的影响。研究经济增长的常用计量模型主要有以下几种：

（1）凯恩斯总供给总需求均衡模型；

（2）哈罗德－多马模型；

（3）索洛增长模型；

（4）A-K 模型；

（5）拉姆齐模型；

（6）内生经济增长模型。

在上述这些计量模型当中，索洛增长模型几乎是所有关于经济增长问题研究的出发点，甚至学者们在提出新模型的时候都要与其进行比较，才能获得更好的理解。因此，本书依然以索洛增长模型为基础，并根据需要进行一定的调整。在具体的模型设置上，增加"政策影响"作为虚拟变量，并以希克斯中性（Hickseutrality）和规模收益不变的柯布－道格拉斯生产函数为基础模型。

由于本书提出的"跨城区"模式是一项创新研究，没有现成的时间序列数据可供回归分析，但可以采用样本量较大的横截面数据来进行估量。在本书中，我们选用国内生产总值（GDP）、固定资产投资和人口数量作为模型定量指标，假定大城市和小城市的政策体系存在显著差异并用虚拟变量来表示，从而对拟定的 6 个县市在成为武汉市"跨城区"之后的经济增长状况进行定量分析。

6.2.2.2　理论基础

（1）横截面数据计量回归方法。

若在不同对象上观测同一个指标，就会得到关于该指标的一组横截面数据，它是同一时点从不同对象采集到的观测值集合，数据之间顺序的改变不会对计量结果造成影响。在样本的选择上，考虑到我国东、中、西部地区之间经济发展水平差异较大，为保证数据的平稳性和结果的实用性，我们在选择样本时剔除了相对发达的东部地区省份和部分相对落后的西部地区省份，保留湖北省周边与其发展程度比较接近的 11 个省份（湖北、湖南、安徽、江西、河北、河南、山西、陕西、重庆、四川、广西）的全部 134 个城市作为数据来源，构建横截面数据进行回归分析。

（2）最小二乘法。

最小二乘法（又被称为最小平方法），是一种经典的数学优化技术，通过将误差平方和最小化来寻找最优匹配函数。由于本书提出的"跨城区"模式是一项创新研究，没有现实案例可循，可通过最小二乘法来拟合出期望值，并与现有数据相结合进行对比、分析和预测。

（3）索洛增长模型。

索洛增长模型又被称为新古典经济增长模型，是在新古典经济学理论框架内提出的一种经济增长模型，由经济学家索洛于 1956 年首次提出，基本形式为 $Y = Y(K, L)$，是现代增长理论的基石。

索洛增长模型的基本含义是：在一个完全竞争的经济中，资本投入和劳动投入的增长会带来产出的增长，并且可以从生产函数的基本形式推出，在其中一项要素投入保持不变的前提下，另一项要素投入的边际产出递减。因而该模型强调资源的稀缺性，认为单纯依靠物质积累和资本积累所带来的经济增长存在极限，从而在人口不变和技术不变的条件下会逐步趋于稳态零增长。

因为在短期内人口的变化经常可以忽略不计，因此索洛增长模型常被用来分析储蓄、投资和经济增长之间的关系，并且是分析三者之间关联关系的主要理论框架。本书也将以索洛增长模型为基础来分析"跨城区"这一变化对当地经济增长的影响。

（4）虚拟变量。

虚拟变量（dummy variables）又称虚设变量、名义变量或哑变量，通常取值为"1"或"0"，是量化了的自变量。虚拟变量的引入可以使线性回归模型模拟更复杂的情况，取"1"表示具备某一条件，取"0"则表示不具备这一条件,描述形式非常简明,具有广泛的适用性。在建立线性回归模型时,合理设置虚拟变量可使一个方程发挥两个方程的作用,且更加贴近现实情况。

"跨城区"设立以后,政策的变化是其他一切变化的根本推动因素,该方案涉及的 6 个县市,也将在政策的驱动下获得更多的财力、物力、人力资源来发展经济。

在我国的现实情况中,大城市与小城市的经济增长模式存在显著的结构性差异,造成这种差异的因素有很多,其中很重要一项就是政策体系的差异。我国虽然已经初步建立了社会主义市场经济体制,但资源的配置依然会受到政治因素的影响。因此,本书引入政策因素作为模型的虚拟变量,并且认为与普通中小城市相比,大城市享有更具竞争力的优惠政策和更多的资源倾斜,而正是这种政策差异及其引发的资源分配差异,导致了大城市与中小城市的经济发展的不平衡。为了使划分更为清晰以便进行虚拟变量赋值,本书参照2017 年我国城市的总体状况,以 4000 亿元为门槛值,将所有城市分为 GDP在此之上的大城市,和在此之下的中小城市。

6.2.2.3 理论条件

在应用理论模型分析问题时,我们都不能违背其基本假设,索洛增长模型的基本假设为:

基本假设 1:居民储蓄全部转化为投资,即储蓄 - 投资转化率为 1;

基本假设 2:投资边际收益率递减,即投资的规模收益是常数;

基本假设 3:采用新古典柯布 - 道格拉斯生产函数,资本和劳动可替代,从而修正了哈罗德 - 多马模型中经济增长率与人口增长率不能自发相等的问题。

本书根据研究需要,在遵守上述基本假设的前提下,对模型进行了相应的调整,调整后的模型为:

$$Y = Y(C, K, L, A) = e^C K^\alpha L^\beta e^{\gamma A}$$

其中:

Y——经济产出,即城市的国内生产总值。

K——资本投资额,本书用固定资产投资额替代。

L——劳动力投入数量,囿于相关数据的可获得性,本书假设各地就业率相同,用人口数替代。

A——引入的虚拟变量,代表优惠政策。大城市享有诸多优惠政策及其带来的资源倾斜,*A* 取值为 1,小城市不具备相关优势,*A* 取值为 0。

C——截距项。加入截距项是为了避免模型误设,并不影响我们分析各变量之间的关系,因而不具有实际意义。从理论上讲,当各项生产要素投入为零时,产出等于截距,因而也可将其理解为某一经济自发的产出水平。

6.2.2.4 假设条件

在遵守索洛增长模型各项基本假设的前提下,为了使调整后的模型更加清晰,本书需要作出以下假设:

假设 1:大城市与小城市的经济发展水平存在结构性差异,且主要由前者所享受的各项优惠政策及其引发的资源倾斜造成。

假设 2:在短期内资本的自然增长率为 0,人口的自然增长率为 0,本书在模型计算时不考虑短期内资本和人口的变动。

假设 3:样本包含的 11 个省份 134 个城市就业率相等,即劳动力数量与人口数量成正比,因此本书在模型计算时可用人口数来替代劳动力投入。事实上,样本来源的 11 个省份大部分位于中部地区,经济发展水平相似、人口结构相似,因此本假设基本符合现实。

假设 4:政策转变可在瞬间完成。虽然在现实中难以实现,但如果政策的作用期限较长,就可以近似认为政策转变只需要很短的时间。

将基本模型两边取对数可得:

$$\ln Y = C + \alpha \ln K + \beta \ln L + \gamma A + \varepsilon \qquad (6-1)$$

本书将把样本数据代入公式(6-1)进行回归分析。

6.2.3 定量分析

6.2.3.1 横截面数据回归

从《中国城市年鉴(2018)》中选取中、西部地区 11 个省份下辖的全部

134 个城市 2017 年度的固定资产投资、人口、国内生产总值数据，依据公式（6–1）的形式，用 Eviews 统计软件对截面数据按最小二乘法进行回归分析，结果如表 6–4 所示。

表 6–4　　　　　　　　Eviews 软件对 134 个城市的截面数据处理结果

变量	系数	标准误差	t 值	p 值
$\ln K$	0.500158	0.049533	10.09739	0.0000
$\ln L$	0.263858	0.050657	5.208711	0.0000
A	0.621517	0.097388	6.381871	0.0000
截距项	2.133983	0.290335	7.350065	0.0000
指标结果	R-squared = 0.859429；Adjusted R-squared = 0.856185；S. E. of regression = 0.257703；Sum squared resid = 8.633411；Log likelihood = – 6.410352；F-statistic = 264.9338；Prob（F-statistic）= 0.000000；Mean dependent var = 7.463287；S. D. dependent var = 0.679545；Akaike info criterion = 0.155378；Schwarz criterion = 0.241881；Hannan-Quinn criter = 0.190530；Durbin-Watson stat = 1.596771			

将 α、β、γ 的值代入公式（6–1），得到：

$$\ln Y = 2.133983 + 0.500158\ln K + 0.263858\ln L + 0.621517A \qquad (6–2)$$

标准误差：0.290335　　0.049533　　　0.050657　　　0.097388

t 值：7.350065　　10.09739　　5.208711　　6.381871

Adjusted R-squared = 0.856185

从上述结果可以看出，$\ln K$ 和 $\ln L$ 的系数都为正，表明城市的经济产出与资本投入和劳动力投入呈正相关，与模型的基本含义相符。在 0.05 的显著性水平下，A、C、$\ln L$、$\ln K$ 各项系数都通过了显著性检验，它们的现实意义分别如表 6–5 所示。

Adjusted R-squared = 0.856185，表明该回归方程的拟合程度较高，能够解释对数 GDP 的大部分变异性，且查表可得 t 值、p 值、F 值均通过了 1% 的显著性检验，因而该回归结果具有一定的实际意义，即证实了与中小城市相比，享有优惠政策的大城市在同等劳动力投入和资本投入的情况下能够获得更高的经济产出。

表 6 – 5 Eviews 软件计算结果及其实际意义

变量	变量含义	计算结果	实际意义
A	虚拟变量	0.621517	取值为 0 或 1，当为 1 时，表示在其他各项不变条件下，城市享受的政策变化会给对数 GDP 带来 0.621517 个单位的影响
C	回归截距	2.133983	不具有实际意义
$\ln L$	对数劳动力投入	0.263858	在其他各项不变的条件下，每对数单位劳动力投入可以带来 0.263858 对数单位的 GDP 的上升
$\ln K$	对数资本投入	0.500158	在其他各项不变的条件下，每对数单位资本投入可以带来 0.500158 对数单位的 GDP 的上升
Adjusted R^2	修正多元判定系数	0.856185	各城市之间对数 GDP 变异性的 85.62% 可用该回归方程解释

6.2.3.2 异方差检验

在对横截面数据进行回归分析时，得到的残差有时会具有异方差性，这是由于地域的差别造成的，此时就不能简单地使用最小二乘法对模型进行估计，得出来的结果也不具备实际意义。因此，必须对样本数据进行异方差性检验，从而确保结果的可靠性。

接下来对模型选用的横截面数据是否具有异方差性进行假设检验，设置原假设 H_0：具有异方差性。使用 Eviews 统计软件对横截面数据进行怀特（White）异方差检验，得到软件输出结果如表 6 – 6 所示。

表 6 – 6 对截面数据进行怀特异方差检验的处理结果

变量	系数	标准误差	t 值	p 值
截距项	1.629068	1.410073	1.155308	0.2502
$\ln K^2$	0.033433	0.034864	0.958968	0.3394
$\ln K \times \ln L$	0.035002	0.062718	0.558081	0.5778
$\ln K \times A$	− 0.101996	0.200353	− 0.50908	0.6116
$\ln K$	− 0.700756	0.365149	− 1.919098	0.0573
$\ln L^2$	− 0.054623	0.040221	− 1.358079	0.1769

变量	系数	标准误差	t 值	p 值
$\ln L \times A$	0.038723	0.176454	0.219448	0.8267
$\ln L$	0.366507	0.326541	1.122393	0.2638
A^2	0.585727	1.179016	0.496793	0.6202
怀特异方差检验结果	F-statistic = 1.236284；Obs * R-squared = 9.824997；Scaled explained SS = 17.55422；Prob. F(8, 125) = 0.2835；Prob. Chi-Square(8) = 0.2775；Prob. Chi-Square(8) = 0.0248			
指标结果	R-squared = 0.073321；Adjusted R-squared = 0.014013；S. E. of regression = 0.125124；Sum squared resid = 1.957003；Log likelihood = 93.03277；F-statistic = 1.236284；Prob(F-statistic) = 0.283456；Mean dependent var = 0.064428；S. D. dependent var = 0.12601；Akaike info criterion = −1.25422；Schwarz criterion = −1.059589；Hannan-Quinn criter = −1.175129；Durbin-Watson stat = 2.066806			

注：采用最小二乘法检验，相关变量为 $RESID^2$，观察样本为 134 个。

查询自由度为 8 的卡方分布表，可得概率为 5% 时的卡方临界值为 15.51，本次计算结果 obs * R-squared 为 9.824997，小于 15.51，且 Prob. Chi-Square 的值为 0.2775，同样大于 5% 的显著性水平。因此，不能通过有横截面数据具有异方差性的原假设，即模型推导出的公式可以用来进行定量分析。

6.2.3.3 "跨城区"设立当地经济增长的定量计算

根据《中国县域统计年鉴（2018）》，拟设为"跨城区"的武穴市、麻城市、公安县、赤壁市、洪湖市、黄梅县 2017 年 GDP、人口和投资数据如表 6－7 所示。

表 6－7　　　　拟设为"跨城区"县市 2017 年 GDP、人口和投资

县市	GDP（亿元）	人口（万人）	资本投资额（亿元）
武穴市	290.29	81.93	270.12
麻城市	302.77	115.94	363.53
公安县	248.91	100.15	235.55
赤壁市	391.28	53.37	422.10

续表

县市	GDP（亿元）	人口（万人）	资本投资额（亿元）
洪湖市	236.93	92.08	201.00
黄梅县	206.45	103.33	240.18

资料来源：《中国县域统计年鉴（2018）》。

上文分析到，大城市比小城市享有更具竞争力的政策，而拟定为武汉市"跨城区"的这 6 个县市，经济体量远小于前文定量分析中用于区分大小城市 GDP 临界值 4000 亿元，因此在"跨城区"设立之前它们随各自所属的地级市一起无法享受到大城市的优惠政策及其带来的资源倾斜。

"跨城区"设立以后，根据模型"假设 4"，政策转变可以在瞬间完成，因此上述 6 个县市可以立即享受到大城市所具备的各项优惠政策，且资本和劳动力投入在短期内保持不变。在公式（6-2）的各项参数汇总中仅有变量 A 的取值从 0 变为 1，此时我们可以估算这些县市在"跨城区"设立之后的 GDP 数据，如表 6-8 所示。

表 6-8　　　　　"跨城区"设立之后的 GDP 预测

县市	人口（万人）	GDP 预测（亿元）				
		投资额	GDP（$A=0$ 时）	GDP（$A=1$ 时）	修正 GDP	GDP 增加值
武穴市	81.93	270.12	444.4438	827.4433	540.4475	250.1575
麻城市	115.94	363.53	565.0882	1052.0530	563.6821	260.9121
公安县	100.15	235.55	437.6039	814.7091	463.4082	214.4982
赤壁市	53.37	422.10	496.2045	923.8089	728.4656	337.1856
洪湖市	92.08	201.00	395.3664	736.0734	441.1045	204.1745
黄梅县	103.33	240.18	445.5448	829.4930	384.3583	177.9083

资料来源：《中国县域统计年鉴（2018）》。

在表6-8的计算过程中，将拟设为武汉市"跨城区"的6个县市2017年的人口、资本投资额和虚拟变量（取0）这3个参数代入回归方程公式（6-2），得到武穴市、麻城市、公安县、赤壁市、洪湖市、黄梅县在不享受优惠政策时的GDP拟合值分别为444.4438亿元、565.0882亿元、437.6039亿元、496.2045亿元、395.3664亿元和445.5448亿元。

对上述数据进行调整，把虚拟变量取值为0时的统计数据代入回归方程，将得到的拟合结果正态化得到真实值，那么当虚拟变量取值为1时，得到的预测值必须用同样的方法进行修正。

以武穴市为例来进行说明，2017年其GDP真实值为290.29亿元，虚拟变量取值为0时得到的拟合值为444.4438亿元，虚拟变量取1时的预测值为827.4433亿元，我们基于模型偏差不变这一假设来对结果进行修正，则政策变化后武穴市的GDP应为290.29 × 827.4433/444.4438 = 540.4475（亿元）。按照同样的方法，可以估算出麻城市、公安县、赤壁市、洪湖市、黄梅县的修正GDP分别为563.6821亿元、463.4082亿元、728.4656亿元、441.1045亿元和384.3583亿元，增幅明显。

以上计算结果是符合预期的，一方面是因为优惠政策及其带来的资源倾斜，另一方面则是由于"跨城区"设立以后，生产要素从相对富集地区流向相对稀缺地区会提升其边际报酬。根据柯布-道格拉斯函数的基本形式，新增资本投入和新增劳动力投入的边际报酬递减。即新增同样一单位资本在发展程度较高的武汉市和在发展程度较低、资本更为稀缺的"跨城区"所带来的边际报酬是有差异的，后者能够带来更高的产出，对于劳动力投入也是同样的道理。因此，"跨城区"设立以后，武汉市中心城区部分资本密集型和劳动密集型产业向新设立的"跨城区"转移，由于二者之间存在显著的产业梯度，这不仅会同时优化双方的产业结构，也让资本回报率增加，从而在更大的范围内实现资源配置。

以上实证分析结果表明，黄梅县、麻城市、武穴市、公安县、赤壁市、洪湖市等6个县市被划为武汉市"跨城区"以后，当地的GDP会显著增加。究其原因，包括"跨城区"方案的论证、决策、选址和设立在内，政策是最根本的推动因素。政策因素将会直接带来投资增加、劳动力增加以及产业结构的升级,进而促进"跨城区"当地社会、经济、人民生活等各个领域都发生显著变化。

6.3 "跨城区"对湖北省的影响

武汉市"跨城区"的设立对湖北省的影响主要体现在以下三个方面:

6.3.1 缓解省域经济发展不平衡

随着我国经济步入新常态,湖北省近年来的经济增速也屡创新低,区域内经济发展不平衡进一步加剧。一方面,是省域中心城市、副中心城市(襄阳市、宜昌市)在各种资源优势和政策红利的助推下发展较快;另一方面,是省内仍然有很多县市在努力巩固脱贫成果。我们亟须采取有效措施来缓解这种不平衡,否则不利于进一步扩大内需,不利于经济社会的和谐稳定发展,也不利于我们巩固脱贫成果。而"跨城区"的设立,可以将中心城市的资源优势和政策红利"远距离定向辐射",并强化与周边省份的经济交流,促进省域经济平衡发展。

6.3.2 优化全省产业结构

"跨城区"方案在酝酿过程中融入了产业经济学的理论诉求,从省域经济的全局来进行产业布局,因而优于传统的以城市为单位的产业规划布局。"跨城区"设立之后,省域中心城市及其"跨城区"的产业结构会得到同步优化。"跨城区"所承接到的产业技术、管理方法、运作模式、专业人才等要素会逐步外溢到周边地区,孕育新一轮的产业转移,从而以点带面,优化全省的产业结构。

6.3.3　就近吸纳劳动力

在湖北省当前"一主两副"的经济格局下，为武汉市设立若干"跨城区"能创造总量大、多层次的就业机会。一方面，"跨城区"及其与中心城区连接线的基础设施建设和升级会带来新的投资需求，提供大量就业机会；另一方面，"跨城区"的生活成本显著低于中心城区，且更接近劳动力来源，有利于吸引农村富余劳动力就近聚集，并将其批量转化为具备一定专业技能的产业工人，从而推进新型城镇化。

6.4　本章小结

本章以湖北省武汉市为例，通过定性和定量分析，阐述了"跨城区"设立以后将给武汉市、湖北省和"跨城区"当地带来的影响。对武汉市而言，主要可以优化产业空间结构、缓解城市快速扩张所带来的资源压力和诸多问题；对湖北省而言，主要可以刺激经济，促进省域经济平衡发展；最直观的受益者是"跨城区"当地，在中心城市各项优惠政策和产业梯度转移的作用下，当地经济将获得快速发展。

与此同时，模型调整后的拟合优度为0.856185，且通过了怀特异方差检验，表明了模型整体的稳健性和所设参数的合理性，亦即大城市确实享有更具竞争力的政策体系。从行政级别上而言，拟设为跨城区的6个县市为县级行政单位，在现行的治理体制下，县和县级市比同为县级行政单位的市辖区拥有更大的经济管理权限，因此，6个县市的企业现在所享受政策环境劣于地级市的政策环境，而武汉市作为副省级城市，武汉市企业所享受的政策环境优于地级市的政策环境。综上所述，6个县市在成为武汉市"跨城区"以后，辖区内企业所享受的政策环境将会有跨越式的提升，对区外资本的吸引力也会显著增强，为"跨城区"模式的有效性提供重要支撑。

| 第 7 章 |

"跨城区" 城市空间扩展模式作用机制分析

7.1 我国的治理层级

在前文以武汉市为例进行的分析中，"跨城区"设立以后，所在地的政策环境将由先前的劣于地级市变为优于地级市，在我国当前国情和体制下，这种政策环境的"跃升"所带来的影响是极为显著的。具体到经济领域而言，它意味着更多的政府补贴、更加便利的融资渠道、更轻的地方税负和更高质量的人力资源。

相对于广大乡村地区而言，城市在经济发展领域最大的优势就是能够充分发挥各类资源的集聚效应。中国的城镇化起步较晚，而且有着自己的国情和发展道路，因此中国城市聚集资源的方式与西方国家的城市相比也存在显著差异。一般而言，西方城市对资源的集聚主要依赖于市场的自发行为,因此西方国家的城市化过程基本就是其市场经济不断扩张的过程(厉以宁,2003)。我国很多重要的经济资源都是从中央到地方、从上级政府到下级政府依次分配,包括财政拨款、重大投资项目、高端人才、进口设备、对外合作机会、特殊优惠政策等,这些重要的资源或者生产要素往往能左右一个城市在未来相当长一段时间内的经济发展,甚至是很多城市经济发展最重要的刺激来源(王麒麟,2014)。

以财政拨款这一资源为例,它对一个地方的经济发展有着举足轻重的影响,我国目前实行的是"中央—省—市—县—乡"五级财政体制,从上至下,层层下拨。在实际操作过程中,存在政府财权和事权的不对等的现象。为此,从20世纪90年代开始,我国开始在一些省份试行"省直管县"改革,例如,湖北省的天门、仙桃和潜江3个县级市就被省政府直管。

由此可见,在我国当前的治理体制下,城市级别对经济发展有着不可忽视的影响,它甚至可能比基础设施状况、交通区位条件、自然资源禀赋等因素更能决定一个城市的集聚效应。例如,将一个副省级省会城市和与之相邻的一个普通地级市进行比较,前者不但可以凭借省会城市的地位投入更多的资金进行基础设施建设,并成为一省之内理所当然的交通枢纽,还可以凭借教育优势、医疗优势吸引更多的优秀人才,基于各项生产要素的网络效应,这些交通优势和人才优势又可以进一步导致它在其他方面取得优势,从而获得比相邻地级市更快的发展。因此,一个城市仅仅凭借更高的行政级别就可以获得更多更好的资源配置,从而实现更快的经济发展。

接下来,本书将简要回顾中国城市行政的变迁,并基于已有统计数据来分析城市级别与生产效率之间的关系,以验证"跨城区"模式的作用机制。

7.2 城市级别与经济增长

目前,中国城市的行政级别,从高到低依次可分为直辖市、副省级城市、非副省级省会城市、普通地级市和县级市。其中,北京市、天津市、上海市、重庆市四大直辖市直接归中央政府管辖,政治级别最高,它们的市委书记通常由中央政治局委员兼任，市长为正省部级官员。省会城市的市委书记通常由副省级的省委常委担任，级别高于省内其他普通的地级市。县级市通常归地级市管辖，与地级市内其他的县平级，但拥有更大的自我管理权限。在各级别城市中，比较特殊的一类是副省级城市。

新中国成立以后的相当长一段时期内，我国实行的是计划经济制度，包括重大项目建设、原材料供应、资金分配和产品销售等重要环节都依赖于各级计划部门自上而下地调配，在此过程中，行政资源的配置起到了决定性作用。城市在升级为计划单列市（副省级城市）以后，经济上和财政上就可以绕过所在的省级政府，直接归中央政府管辖，从而在各项资源的计划和调配中获得更大的优势。

直辖市、副省级城市、省会城市等行政级别较高的城市与普通地级市相比享有一系列的优势，因而能获得更快的经济发展速度。因此，随着时间的推移，它们在国内经济总量的占比也应该是逐步提升的。为了对此进行验证，本书选取了过去1998~2017年全国27个省级行政区的GDP数据，考察各省非普通地级市（含副省级城市和省会城市）GDP占比的变化数据如表7-1所示。

表7-1　　1998年和2017年省内非普通城市GDP占本省比重变化　　单位：%

省份	1998年	2017年	变化值
河北	19.87	17.96	-1.95
山西	21.57	22.59	-1.91
内蒙古	12.18	17.04	-1.87
辽宁	47.23	55.25	-1.36
吉林	36.12	42.71	-0.85
黑龙江	28.87	39.23	0.52
江苏	11.81	13.64	0.82
浙江	41.32	45.01	0.83
安徽	9.64	26.21	1.02
福建	37.34	35.47	1.83

续表

省份	1998 年	2017 年	变化值
江西	23.21	24.03	2.43
山东	24.26	25.09	3.57
河南	14.40	20.29	3.67
湖北	32.17	36.72	3.69
湖南	18.87	30.46	4.42
广东	40.19	48.89	4.54
广西	17.77	20.19	4.86
海南	32.01	31.16	5.90
四川	26.87	37.56	6.59
贵州	25.61	26.13	8.02
云南	30.74	29.38	8.70
西藏	31.81	35.48	9.80
陕西	36.06	34.11	10.36
甘肃	28.45	32.87	10.69
青海	30.40	48.62	11.59
宁夏	42.41	52.21	16.57
新疆	21.55	25.13	18.22

资料来源:《中国统计年鉴》。

为了更直观地显示总体情况,将两组数据标注在同一个坐标系,如图7-1所示,横轴代表1998年非普通地级市的 GDP 占本省(区、市)比重,纵轴代表2017年非普通地级市的 GDP 占本省(区、市)比重,图中的参考线为直线 $Y = X$,因此,落在参考线上的点表示1998~2017年省内非普通城市的 GDP 占本省(区、市)比重没有发生变化,落在参考线左上方的点表示它们的 GDP 占本省(区、市)比重提升,反之,落在参考线右下方的点则表示它们的 GDP 占本省(区、市)比重出现了下降,离参考线越远则表示这种变化越显著。

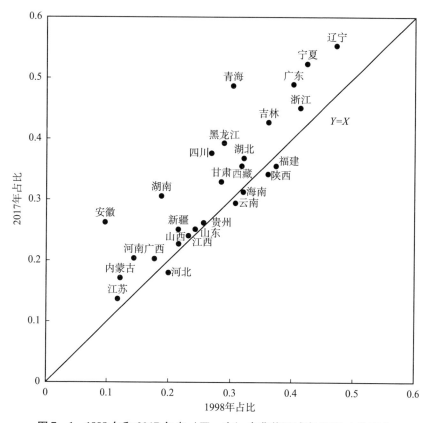

图 7－1 1998 年和 2017 年省（区、市）内非普通城市 GDP 占比变化

从图 7－1 中可以看出，除了河北省、云南省、海南省、陕西省和福建省 5 个省份稍微位于参考线 Y＝X 右下方以外，其余 22 个省份都位于参考线左上方，甚至远离参考线，这意味着，在 1998～2017 年，这些省份内享有较高行政级别城市的经济发展速度要高于全省的平均水平，导致它们的 GDP 占本省比重持续提升，具体变化幅度如图 7－2 所示。

总体而言，中西部地区省份的非普通城市 GDP 占本省比重提升较大，青海省、安徽省和湖南省位于前三名，他们的变化量分别为 18.2%、16.5% 和 11.5%，意味着 1998～2017 年这三省的经济活动越来越集中于西宁市、合肥市和长沙市。陕西省、河北省、福建省、云南省和海南省的经济集中度略微下降，下降幅度分别为 1.95%、1.91%、1.87%、1.36% 和 0.85%。事实上，这5个省份之所以会出现经济集中度下降，原因是显而易见的，简要分析如下：

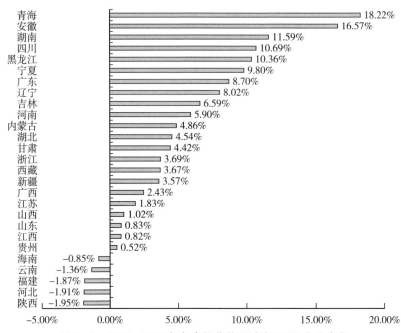

图7－2 1998～2017年各省份非普通城市GDP占比变化

7.2.1 陕西省

陕西省内享有较高行政级别的城市只有其省会西安市，为副省级城市。然而，近几十年来，陕西北部的开发取得了飞速发展。2017年陕西省的原煤总产量高达5.7亿吨，位居全国第三，增幅高达10.6%，排名全国第一。位于陕甘宁盆地的长庆油田，2017年累计生产折合油气当量4500万吨[①]，为我国陆上第一大油气田。因此，这些经济活动有效平衡了省会西安市的GDP占比。

---

① 《陕西统计年鉴（2017）》。

7.2.2 河北省

河北省是一个沿海省份,拥有秦皇岛市、唐山市、沧州市等沿海城市,然而其省会石家庄市却是一个内陆城市。在过去二十多年间,国家重点建设京津唐经济圈,唐山市承接了一大批从北京市、天津市转移出的大型企业,如首都钢铁公司等,唐山市下辖的曹妃甸是河北省国家级沿海战略的核心,也是京津冀协同发展的战略核心区,获得了大量的资源投入,经济飞速发展。过去十余年房地产价格的暴涨,也给成河北省内靠近北京市的地区带来大量投资。在未来,随着张家口举办冬奥会和雄安新区的开发建设,石家庄市的GDP 占本省比重有可能进一步降低。

7.2.3 福建省

福建省拥有副省级城市厦门和非副省级省会城市福州,然而 2017 年省内GDP 排名第一的却是普通地级市泉州市。泉州市是一座历史悠久的文化名城,是"海上丝绸之路"的起点,今天也成了我国"一带一路"倡议的先行区。泉州市同时也是全球侨乡和台湾同胞的主要祖籍地,随着我国对外开放的不断扩大和深入,泉州市也成了我国对外开放的重要窗口,经济发展十分迅速,除此之外,漳州市、莆田市也依靠各自在全球产业链中的精准定位,打造了自己的特色优势产业,经济增速一直高于厦门市和福州市。

7.2.4 海南省

海南省内行政级别较高的城市只有其省会海口市,海南省的支柱产业为旅游业。海南省作为我国重点开发建设的"国际旅游岛",承担这一窗口功能是位于海南岛最南端的三亚市,三亚市因此吸引到了大量的游客和投资,房地产价格约为省会海口市的两倍。除此之外,博鳌亚洲论坛是第一个把总部放在中国的国际会议组织,每年定期举办,已经成为世界各国进行国际交流的重要平台，论坛地址为海南省琼海市，显著带动了当地的经济发展。

7.2.5 云南省

云南省的情况与海南省类似，旅游业十分发达，大理、丽江、西双版纳等全国知名的景区均位于省会昆明以外的地区。云南省境内有着为数众多的少数民族聚居区，交通闭塞、经济落后，随着国家近年来持续加大扶贫工作的力度以及加大对偏远地区基础设施建设的投资，这些地区的经济获得了迅速增长，后发优势明显。2018 年《云南统计年鉴》显示，2017 年云南有 10 个州市的 GDP 增速高于 10%，超过了省会城市昆明的 9.7%，造成昆明市 GDP 占全省比重略微下降。

7.3 作用机制实证分析

前文利用最新的经济统计数据，分析了 1998～2017 年城市级别与经济发展速度之间的关系，初步证实了享有特殊行政级别的城市能够获得更快速的经济成长，对"跨城区"方案的可行性是一个有力支撑。然而，依然存在以下几个方面的问题：

（1）因为是进行省内的比较，所以前文的分析不包含北京市、天津市、上海市、重庆市四大直辖市的数据，然而这四大城市在我国的经济版图中占有举足轻重的地位。

（2）前文的分析只包含省内的占比变化，各个样本之间是割裂的，没有进行总体分析。

（3）GDP 的增长并不能简单等同于生产效率的提升，事实上，在过去二十多间通过人为地调整行政区划，一些城市的经济总量随着行政区划的扩大而获得瞬间增长（如 2019 年 1 月济南市合并莱芜市使其 GDP 瞬间提升 13%），然而它的生产效率却并未发生变化。

基于以上原因，为了验证城市级别与生产效率之间的关系，需要构建模型进行实证分析。

7.3.1 模型构建和数据选择

本节依然采用基本形式为 $Y = Y(K, L)$ 的索洛增长模型,利用最小二乘法来进行数据的拟合,并将城市级别设置为虚拟变量。基于前文的分析,本书认为享有特殊行政级别的城市在发展经济上比普通城市更有竞争力,因此在模型的构建中,将直辖市、副省级城市、非副省级省会城市合计 33 个城市的虚拟变量取值设为 1,其余 254 个普通地级市的虚拟变量取值设为 0。

索洛增长模型经过调整后,形式变为:

$$Y = Y(C, K, L, A) = e^C K^\alpha L^\beta e^{\gamma A}$$

两边取对数得到:

$$\ln Y = C + \alpha \ln K + \beta \ln L + \gamma A + \varepsilon \qquad (7-1)$$

其中:

Y——国内生产总值,即 GDP。

K——资本投资数额。

L——劳动力数量。

A——虚拟变量。

C——截距项,不具备具体实际含义。

在不违背索洛模型的基本假设的前提下,本模型的假设条件为:

(1)假定直辖市、副省级城市、非副省级省会城市等享有特殊行政级别的城市与普通地级城市的生产效率是存在结构性差异,且根据前文的分析,我们认为这种差异是由城市级别导致;

(2)根据索洛模型基本假设,本书在模型计算中将不考虑资本和人口的自然增长率,即资本和人口的自然增长率为 0;

(3)假定劳动力数量与人口数量是成正比的,囿于数据的可得性,本模型用各城市的人口数量来替代劳动力数量。

7.3.2 定量分析

从 2018 年《中国城市统计年鉴》中选取包括四大直辖市在内全国 287 个城市的 GDP、人口、投资额数据（囿于数据可得性，不含西藏自治区和海南省三沙市），并加上代表城市级别的虚拟变量取值，构成一组截面数据，用 Eviews 统计软件进行对数线性回归，结果如表 7-2 所示。

表 7-2　　　　　Eviews 对包含全国 287 个城市的截面数据处理结果

变量	系数	标准误差	t 值	p 值
A	0.529765	0.081154	6.527859	0.0000
截距项	0.979653	0.220709	4.438660	0.0000
$\ln L$	0.240065	0.047999	5.001460	0.0000
$\ln K$	0.687866	0.039020	17.62876	0.0000
指标结果	R-squared = 0.822359；Adjusted R-squared = 0.820476；S. E. of regression = 0.392229；Sum squared resid = 43.53773；Log likelihood = -136.6153；F-statistic = 436.6994；Prob（F-statistic）= 0.000000；Mean dependent var = 7.407445；S. D. dependent var = 0.925716；Akaike info criterion = 0.979897；Schwarz criterion = 1.030901；Hannan-Quinn criter = 1.000339；Durbin-Watson stat = 0.721128			

根据上述输出结果，将计算得到的 α、β、γ 值代入公式（7-1），结果如下：

$$\ln Y = 0.979653 + 0.687866\ln K + 0.240065\ln L + 0.529765A \quad (7-2)$$

标准误差：0.220709　0.039020　　　0.047999　　　0.081154

t 值：4.438660　17.62876　　　5.001460　　　6.527859

Adjusted R-squared = 0.820476

在 0.05 的显著性水平下，A、C、$\ln L$、$\ln K$ 各项系数都通过了显著性检验，它们的现实意义分别如表 7-3 所示。

Adjusted R-squared = 0.820476，表明该回归方程的拟合程度较高，能够解释对数 GDP 的大部分变异性，且查表可得 t 值、p 值、F 值均通过了显著

表 7 - 3   Eviews 软件输出结果及其实际意义

变量	变量含义	计算结果	实际意义
A	虚拟变量	0.529765	取值为 0 或 1，当为 1 时，表示在其他各项不变条件下，城市享有特殊级别会给对数 GDP 带来 0.529765 个单位的影响
C	回归截距	0.979653	不具有实际意义
$\ln L$	对数劳动力投入	0.240065	在其他各项不变的条件下，每对数单位劳动力投入可以带来 0.240065 对数单位的 GDP 的上升
$\ln K$	对数资本投入	0.687866	在其他各项不变的条件下，每对数单位资本投入可以带来 0.687866 对数单位的 GDP 的上升
Adjusted R-squared	修正多元判定系数	0.820476	各城市之间对数 GDP 变异性的 82.05% 可用该回归方程解释

性检验，因而该回归结果具有一定的实际意义，即证实了享有较高行政级别的城市（直辖市、副省级城市）与普通地级市相比，在同等劳动力投入和资本投入的情况下能够获得更高的经济产出。

7.4 本章小结

本章选取各省份 2018 年统计年鉴数据，实证分析了城市行政级别与生产效率之间的关系，结果是显著的，从而验证了城市较高的行政级别会给其带来经济发展上的优势。在我国当前的治理体制下，政府掌握两项最重要的资源：财政拨款和优惠政策。

一方面，根据现行的财政制度，财政拨款从上到下依次分配，更高级别的城市财政资金能够得到更充分的保障，这意味着它能够建设机场、港口、道路甚至是地铁等更为完善的基础设施，成为省域范围的交通枢纽，同时也意味着能够为教育、医疗等社会公用事业提供更多的资金，也可以吸引更优质的人力资源；另一方面，政策优惠意味着高级别城市拥有更具竞争力的减免税费能力，这将直接转化为所辖企业的成本优势，进而对拟落户企业特别是初创企业产生较大的吸引力，所以近年来涌现出的一批高科技创新企业基本都位于行政级别较高的城市。

综上所述，行政级别更高的城市拥有更多的政府补贴、更加便利的融资渠道、更轻的地方税负和更高质量的人力资源，各项优势综合作用，造成人才、技术和资本不断向省域中心城市聚集，带来生产效率的全面提升。

第8章

"跨城区"城市空间扩展模式适用性研究

　　前文已经验证，在我国当前的治理体制下，享有较高行政级别的城市比普通地级市拥有更多的竞争优势，因而具备更高的生产效率，促进经济更快发展。如果将这些城市与处于省内边缘位置的县市比较，优势将进一步放大，这为"跨城区"模式的可行性提供了有力支撑。

　　我国幅员辽阔，各个省级行政区，它们的发展状况和省域中心城市的相对优势各不相同。总体而言，中西部地区省份的省域中心城市在省份内的相对优势较大，适宜开展"跨城区"模式的可行性论证，而东部地区省份内部发展相对均衡，不符合"跨城区"模式的前提条件。

　　对中西部地区省份而言，若想进行横向比较，就必须用合理的方法对省域中心城市的相对优势进行度量，筛选出潜力最大的若干省份来进行"跨城区"模式的可行性论证，本章将围绕这一问题进行探讨。

8.1 现有方法的优点与不足

1939 年，美国学者马克·杰斐逊（Mark Jefferson）提出了城市首位律（law of the primate city）概念，对一个国家内部城市规模分布规律进行概括。这一法则的提出是基于一种普遍存在的现象，即一个国家内部的首位城市（通常是一国的首都）总要比规模排名第二的城市大得多。不仅如此，首位城市还承载了整个国家的管理职能和民族情感，在国家内部拥有超乎寻常的影响力，例如，英国的伦敦、法国的巴黎、俄罗斯的莫斯科。城市首位律理论的核心就是计算城市首位度，即定量分析研究中心城市在区域内的相对重要程度。由于我国幅员辽阔，城市众多，这一概念被引入到国内之后，经常用来计算各省的中心城市相对重要性，即省会城市首位度。常用的方法有两城市首位度、GDP 集中度和构建综合指数。

8.1.1 两城市首位度

两城市首位度是指国内（或省份内）排名第一的城市与排名第二的城市规模之比，即：

$$S = \frac{P_1}{P_2}$$

这种方法计算起来非常简单，因而应用得最为广泛，各类文章中提到的"首位度"若不加以说明，基本都默指这种方法。然而它的缺点也非常明显，即计算结果完全只取决于排名前两位的城市，而与国内（或省份内）的其他城市无关。

例如，假设用此方法来计算河南省中心城市郑州市的 GDP 首位度，计算方法应为用排名第一的郑州市 GDP 除以排名第二的洛阳市 GDP，而与省内其他 15 个地级市无关。倘若因为某些原因，洛阳市保持了与郑州市相差不大的经济发展速度，那么计算得到的郑州市首位度就不会发生明显变化，从而与实际情况相违背。

8.1.2　GDP 集中度

GDP 集中度指国内（或省内）排名第一城市的 GDP 占全国（或全省）的比重，以此来反映该城市的相对重要程度，或衡量发展的不均衡程度。即：

$$S = \frac{P_1}{\sum_{i=1}^{n} P_i}$$

这种计算方法也比较简单，得到了广泛应用。不足之处在于因素单一，仅仅反映了 GDP 这一项数据的状况。虽然 GDP 是一项综合指标，但这种计算方法依然不能充分反映人口规模、投资规模、生产效率等方面的差异。

8.1.3　构建综合指数

国内有些学者和媒体近两年热衷于"新一线城市"的评选，具体做法是设置若干个领域的指标，如经济总量、人口数量、固定资产投资额、居民存款余额、社会零售消费总额、小学生在校人数等等，选定以后给每个指标赋予相应的权重（通常是相等权重），给每个指标打分以后再加权汇总，得到一个最终的分数，以此将各大城市进行横向比较，进行排名。即单独城市的得分为：

$$S = \sum_{i=1}^{n} F_i W_i$$

这种方法也经常被用来进行省内各个城市之间的比较，以此来计算中心城市的重要程度，或衡量省域经济发展的不平衡程度。但这种方法存在两个重大弊端：

第一，指标的选取过于主观，不同的学者或媒体因为知识背景或者自身兴趣的差异，构建的指标体系千差万别，所以也经常得到不同的结果，于是导致各大城市的排名忽上忽下，引起广泛争议。

第二，各项指标权重的设置也不科学，甚至为了计算简便经常设置各项指标权重相等，缺乏理论依据，导致计算结果缺乏说服力。

8.2 TOPSIS - 熵值法首位度

本书参考以上几种首位度计算方法的优势与不足，借鉴 TOPSIS 法和熵值法的研究思路，并结合索洛增长模型的因素选取，尝试提出"TOPSIS - 熵值法"首位度来对省域中心城市的省内地位进行量化评价。

TOPSIS（technique for order preference by similarity to an ideal solution，逼近理想解排序技术）法于 1981 年首次提出，根据评价对象与理想化目标之间的接近程度来进行排序，只要评价对象的各项参数单调递增或单调递减即可。TOPSIS 法的基本原理是通过计算评价对象与正理想目标（最优目标）、负理想目标（最劣目标）之间的距离来进行排序，越靠近正理想目标得分越高，越靠近负理想目标得分越低。

关于指标体系的构建，根据索洛增长模型的基本形式 $Y = Y(K, L)$，经济产出、资本投入和劳动力投入是经济活动的三大要素，同时为了降低计算方法的复杂性以便于实际推广应用，该方法的指标选取亦将围绕这三项重要指标展开。

关于各项指标权重的确定，则通过熵值法来计算，然后按照 TOPSIS 法进行评价。熵值法是用来计算某个指标离散程度的数学方法，离散程度越大时，该项指标对综合评价的影响就越大，得到的权重也就越大，反之亦然，这样就避免了人为主观分配权重。得出权重以后再分别计算评价对象各指标与正理想目标和负理想目标之间的距离，再按照接近程度进行排序，最后以省域中心城市与全省平均值的比值作为其首位度的度量，反映其在省份内地位的优势程度。

该方法具体步骤如下：

（1）构造决策矩阵。

$$X = \{x_{ij}\}_{n \times m}$$

式中，x_{ij} 是第 j 个指标所对应的第 i 个评价对象的数值，n 和 m 分别表示 i 和 j

的数量。在本书研究中，以湖北省为例，$n=11$，代表湖北省内包含武汉市在内的 11 个城市，$m=3$，代表为本书选取的 3 个评价指标。

（2）计算标准化决策矩阵。

$$R = \{r_{ij}\}_{n \times m}$$

式中，r_{ij} 为标准化值，数值范围在［0，1］之间，因此，理想目标 $r_j^+ = 1$，负理想目标 $r_j^- = 0$。

（3）计算指标比重。

$$s_{ij} = \frac{x_{ij}}{\sum\limits_{i=1}^{n} x_{ij}}$$

（4）计算熵值。

$$h_{ij} = -\sum\limits_{i=1}^{n} s_{ij} \ln(s_{ij})$$

（5）将熵值标准化。

$$a_{ij} = \frac{\max h_{ij}}{h_{ij}}$$

（6）得出指标权重。

$$\omega_{ij} = \frac{a_{ij}}{\sum\limits_{i=1}^{n} a_{ij}}$$

（7）计算标准化值和正理想目标、负理想目标的欧氏距离 d_i^+ 和 d_i^-。

$$d_i^+ = \sqrt{\sum\limits_{j=1}^{m} \omega_j \times (r_{ij} - r_j^+)^2}$$

$$d_i^- = \sqrt{\sum\limits_{j=1}^{m} \omega_j \times (r_{ij} - r_j^-)^2}$$

（8）计算各样本与理想目标之间的贴近度 C_i。

$$C_i = \frac{d_i^-}{d_i^+ + d_i^-}$$

（9）计算中心城市的首位度。

$$S = \frac{C_1 n}{\sum\limits_{i=1}^{n} C_i}$$

8.3 定量分析

前文的分析已经表明，中西部地区省份省内中心城市首位度较高，具有进行"跨城区"方案论证的潜力，因此本节从《中国城市年鉴（2018）》中选取中西部地区 10 个省份的 132 个城市的人口、资本投入额和 GDP 数据，用"TOPSIS－熵值法"来计算省内各城市的贴近度和中心城市的首位度。贴近度计算结果如表 8－1 所示。

表 8－1　　　　中西部地区 10 个省份 132 个城市在本省份内部贴近度

省份	城市	贴近度	省份	城市	贴近度
湖北	武汉市	1.000000	安徽	铜陵市	0.002310
	鄂州市	0.000000		安庆市	0.011496
	孝感市	0.001743		滁州市	0.009113
	黄冈市	0.002728		黄山市	0.000000
	随州市	0.000002		阜阳市	0.008889
	咸宁市	0.000237		六安市	0.003037
	荆州市	0.002724		池州市	0.000001
	荆门市	0.001356		亳州市	0.002687
	襄阳市	0.034658		宿州市	0.007376
	十堰市	0.001252		宣城市	0.002565
	宜昌市	0.027292	广西	南宁市	1.000000
安徽	合肥市	0.976492		桂林市	0.099969
	芜湖市	0.073964		北海市	0.014559
	蚌埠市	0.007818		钦州市	0.019554
	淮南市	0.001903		玉林市	0.054434
	马鞍山市	0.011572		贺州市	0.000000
	淮北市	0.000659		河池市	0.000998

续表

省份	城市	贴近度	省份	城市	贴近度
广西	百色市	0.022734	湖南	娄底市	0.004093
	贵港市	0.009357		郴州市	0.015110
	防城港市	0.001027		怀化市	0.003817
	梧州市	0.020895	江西	南昌市	0.572670
	柳州市	0.225657		景德镇	0.000114
	来宾市	0.000360		九江市	0.075871
	崇左市	0.003718		赣州市	0.096274
河北	石家庄市	0.794290		宜春市	0.039979
	秦皇岛市	0.000000		上饶市	0.044233
	邢台市	0.007180		鹰潭市	0.000000
	唐山市	0.605968		抚州市	0.006665
	邯郸市	0.093331		吉安市	0.016708
	保定市	0.049267		新余市	0.001930
	承德市	0.000137		萍乡市	0.001440
	张家口	0.000027	山西	太原市	0.657246
	沧州市	0.098218		大同市	0.011882
	廊坊市	0.026018		长治市	0.044455
	衡水市	0.000021		阳泉市	0.000000
湖南	长沙市	0.822403		晋城市	0.012803
	株洲市	0.019300		朔州市	0.004892
	衡阳市	0.036208		运城市	0.030915
	岳阳市	0.038970		临汾市	0.028653
	张家界市	0.000000		晋中市	0.024341
	湘潭市	0.009609		忻州市	0.002168
	邵阳市	0.005777		吕梁市	0.026186
	常德市	0.038450	陕西	西安市	1.000000
	益阳市	0.005267		宝鸡市	0.032905
	永州市	0.006138		渭南市	0.015564

续表

省份	城市	贴近度	省份	城市	贴近度
陕西	汉中市	0.008011	四川	眉山市	0.000668
	安康市	0.002959		广安市	0.000636
	商洛市	0.001465		雅安市	0.000000
	榆林市	0.097682		资阳市	0.000351
	延安市	0.006784	河南	郑州市	0.665564
	咸阳市	0.040437		开封市	0.007219
	铜川市	0.000000		平顶山市	0.003105
四川	成都市	1.000000		鹤壁市	0.000000
	自贡市	0.001037		洛阳市	0.107399
	巴中市	0.000000		安阳市	0.013047
	达州市	0.002037		新乡市	0.015533
	宜宾市	0.003372		濮阳市	0.003454
	南充市	0.003310		焦作市	0.014050
	内江市	0.001098		许昌市	0.021378
	广元市	0.000031		三门峡市	0.002114
	德阳市	0.004088		漯河市	0.000565
	攀枝花市	0.000612		南阳市	0.054459
	泸州市	0.002048		信阳市	0.012923
	绵阳市	0.004896		驻马店市	0.008748
	遂宁市	0.000559		周口市	0.019790
	乐山市	0.001702		商丘市	0.012796

从上面可以看出，在一省份内部，如果一城市各项指标都排名第一，那么根据熵值法计算得到的贴近度就是1。反之，如果一城市各项指标在省份内排名都是倒数第一，那么计算得到的贴近度就是0。在上述10个省份中，贴近度最高的都是各自的省会城市，其中武汉市、南宁市、西安市、成都市4个城市贴近度为1。

接下来，利用省份内各城市的贴近度来计算省会城市的"TOPSIS－熵值法"首位度,结果如表 8 - 2 和图 8 - 1 所示。

表 8 - 2　　　中西部地区 10 个省会城市"TOPSIS - 熵值法"首位度

省份	城市	首位度	省份	城市	首位度
武汉市	湖北	13.26	南昌市	江西	7.36
合肥市	安徽	13.95	太原市	山西	8.57
南宁市	广西	9.50	西安市	陕西	8.29
石家庄市	河北	5.22	成都市	四川	17.53
长沙市	湖南	10.64	郑州市	河南	11.76

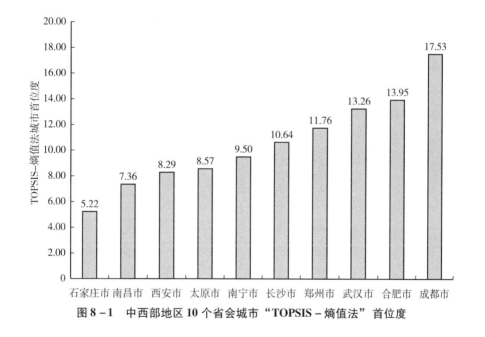

图 8 - 1　中西部地区 10 个省会城市"TOPSIS - 熵值法"首位度

　　从以上计算结果可以看出,有 5 个省会城市的首位度在 10 以上,分别为长沙市的 10.64、武汉市的 13.26、合肥市的 13.95 和成都市的 17.53,体现了这几座城市在各自省份内的优势地位,适宜开展"跨城区"模式的可行性论证,尤其是成都市的计算结果直观反映了其在四川省内的绝对主导地位。石家庄市和南昌市的首位度相对较低,表明它们在各自省份内"一城独大"

的情况并不明显，暂无必要开展"跨城区"扩展模式论证工作。

用"TOPSIS－熵值法"来计算省会（首府）城市首位度是一项尝试，旨在量化省域中心城市在省份内的主导程度，以初步检验是否适宜进行"跨城区"模式的可行性论证。该指标体系的构建依然相对单薄，后续可根据特定的评价目的来进行扩充。

8.4 本章小结

本章在现有城市首位度计算方法的基础上，将 TOPSIS 方法与熵值法相结合，提出"TOPSIS－熵值法"城市首位度，来衡量省域中心城市在各自省份内所占有的优势程度，并以此作为应用"跨城区"模式的重要参考依据。计算结果表明，成都市、合肥市、武汉市、郑州市、长沙市等城市在各自省内优势明显，适宜开展"跨城区"模式的可行性论证，石家庄市、南昌市等城市在各自省份内优势相对较弱，暂无必要考虑"跨城区"模式。

值得注意的是，"跨城区"模式的应用必须以区域发展不平衡为前提，这也是我们通过各种方法计算城市首位度的原因。但更理想、更公平、更和谐的方式应该是全省各城市趋近于均衡发展，而不是"一城独大"，所以应该把"TOPSIS－熵值法"城市首位度归为一种负面指标，即计算结果越高，表明该省份的发展越不均衡。

| 第9章 |

结论、建议与展望

9.1 主要研究结论

本书以"点－轴系统"理论为依据，为省域中心城市提出"跨城区"城市空间扩展模式，并紧紧围绕这一核心论点展开论证分析。本书的主要研究结论有以下三点：

（1）"跨城区"城市空间扩展模式具有充分的理论基础。"点－轴系统"理论对我国现阶段的区域经济发展有着重要的指导意义，城市空间扩展理论则充分揭示了城市的扩展模式、扩展机制和动力因素，并强调了城市在扩展过程中对周边生态环境保护的重要性。本书在上述理论的基础上，借鉴其理论内涵和已有成果，并结合省域经济发展的实际，为省域中心城市的空间扩展提出了"跨城区"模式。该模式的核心思想是，在省域经济发展水平存在结构性差异的前提下，以省域中心城市为依托，选取符合区位、产业、人口等系列条件的县市来培育带动区域经济发展的新增长极，即为中心城市的"跨城区"，并通过两者之间"发展轴"的连接作用，促成"中心城区"和"跨城区"之间的"政策互动""产业互动""人员互动""资源互动"，最终实现中心城市向"跨城区"的跳跃式扩展，并能有效缓解传统的"摊大饼"扩展模式所带来的诸多现实问题。

（2）"跨城区"城市空间扩展模式能缓解现实问题并拉动经济增长。"跨城区"模式是针对当前城市化加速推进、大城市无序扩张和小城市发展滞后这一复杂的现实背景而提的，为省域中心城市设立"跨城区"，可以有效缓解当前所面临的城市空间拥挤、土地资源瓶颈、周边生态环境破坏、基础设施过载、转型升级缓慢等问题。本书以湖北省武汉市为例，综合对比考察省内 34 个候选县市的政策条件、区位条件、产业条件和人口规模等因素，严格依据"点-轴系统"理论的基本原理，选定武穴市、黄梅县、麻城市、赤壁市、洪湖市、公安县等 6 个县市组成 4 个武汉市"跨城区"，并对其效果进行了定性、定量分析，分析结果表明，"跨城区"模式可以促进区域经济增长。

（3）政策差异既是区域发展失衡的原因，又是"跨城区"模式生效的基础。为了研究城市生产效率与城市行政级别之间的关系，本书选取包括直辖市、副省级城市和省会城市在内的全国 287 个城市数据，构建模型进行实证分析。计算结果表明，在我国当前的治理体制下，得益于更具竞争力的优惠政策体系和资源配置倾斜，行政级别较高的城市拥有比普通地级市更高的生产效率，这既是导致目前区域经济发展不平衡的重要原因，也是"跨城区"城市空间扩展模式得以生效的重要基础。基于这一结论，为了对"跨城区"模式的适用条件进行研究，本书结合现有城市首位度评价方法的优点与不足，提出"TOPSIS-熵值法"首位度计算方法，这种方法可以自动分配指标权重，避免了主观因素的影响。本书用此方法计算了我国中西部地区 10 个省会城市的首位度，作为对"跨城区"模式适用条件的重要参考。

9.2 政策建议

根据本书构想，为省域中心城市设立"跨城区"，是将位于省内边缘地区且与中心城市并不接壤的若干县市整体纳入中心城市的行政区划中来，由中心城市政府统一规划、统一管理、统筹资源、共同发展。提出"跨城区"模式的主要目的在于分担中心城市日益严峻的城市化压力、优化其经济空间结构、为省域经济发展打造新增长极。然而，根据过去四十多年改革开放的经验和教训，我们可以预见的是，"跨城区"模式在选址、设立和建设过程中必然会遇到一系列难题，这就要求我们为"跨城区"模式预先拟定一套兼具现实性、前瞻性、可操作性的保障机制。既要坚持促进经济发展的初衷，又要结合现实条件，不能盲目建设；既要结合中心城市经济发展现状，从城市规划的角度出发，又要兼顾促进省域经济整体发展的全局，不能"一城独大、远近蚕食"。为了保障"跨城区"模式的顺利推进，必须有配套的利益分配机制、行政管理机制和政府考核机制。

9.2.1 利益分配机制

在我国当前的治理模式下，"跨城区"模式涉及复杂的利益分配问题。以本书所选取的武汉市"跨城区"为例，在实际操作中需要妥善协调武汉市、"跨城区"当地和"跨城区"原归属地三方之间的利益，任意环节出现"卡壳"都可能导致整个方案的推进陷入停滞。因此，为了保障"跨城区"方案能够顺利推行，必须拟定一套合理可行的利益分配方案。在当前我国国内跨区域合作中，常见的利益分配机制主要有三种：第一种是"地租"模式，主要由"飞地"和开发区所采用；第二种是"统缴统分"模式，主要由省管县采用；第三种是"按比例分成"模式，由"深汕特别合作区"采用。上述利益分配机制是各地因地制宜、各方相互博弈的结果，因而各有利弊，不能生搬硬套。在充分研究和借鉴已有经验教训的基础上，本书结合"跨城

区"模式的实际,建议实行以下的利益分配机制:

(1) 在统计口径上,"跨城区"的 GDP 同时计入中心城市和原属地(但在省级统计部门只计入中心城市,以免重复计算),这样可以减少原属地官员对"跨城区"模式的抵触。

(2) 在税收分配上,对"跨城区"产生的归属地方财政的部分,由中心城市、原归属地和"跨城区"按 25∶25∶50 的比例分成,这样可以同时兼顾到各方利益。

(3) 在土地收益上,对"跨城区"取得的土地出让净收益,10% 分给"跨城区",90% 留给"跨城区"当地,中心城市不参与分配,从而为大规模的基础设施建设筹集资金。

(4) 设置一个过渡期(如 20 年),这种特殊的利益分配机制只在过渡期实行,最终仍将按照中心城市现有城区的模式统一进行管理。

这种利益分配机制的最大特点在于适当兼顾了原归属地的利益,有利于减少推进"跨城区"改革所面临的阻力。

9.2.2 行政管理机制

作为一项创新发展模式,"跨城区"的加入会给行政管理部门带来一系列挑战,对他们的统筹规划能力、协调能力和执行能力等都是考验。关于"跨城区"将实行的行政管理架构,本书充分借鉴"深汕特别合作区"经验,并综合考虑"跨城区"实际情况以及所涉及的三方利益,建议实行"分工-合作型"管理架构,具体如下:

(1) 设立"跨城区管理委员会"作为过渡机构,成员分别来自中心城市、"跨城区"当地和原归属地;拟设立为"跨城区"的县市受"跨城区管理委员会"直接领导,为确保平稳过渡,在过渡期内维持原有县级编制不变。

(2) 在"跨城区管理委员会"的分工中,中心城市负责投入、开发、招商、管理等工作,主导经营开发;"跨城区"当地及原归属地负责征地、拆迁、社会管理、环境治理等工作,主导社会环境建设。

（3）中心城市遴选开发区工作人员赴"跨城区"对口支援，将已经成熟的开发区管理、服务、招商引资经验推广到"跨城区"，将中心城市已经出台的各种开发区优惠政策移植到"跨城区"。

（4）当"跨城区"结构基本成型，各项工作稳定开展以后，撤销"跨城区管理委员会"，直接转为中心城市直属城区。

9.2.3 政府考核机制

在制定"跨城区"政府考核机制时，应注意以下几个方面的问题：

（1）"跨城区"设立初期，由于经济基础薄弱，基数较小，比较容易取得大幅经济增长。这是由"跨城区"的性质所决定的，而不是主政官员的"政绩"。因此在对"跨城区"政府进行考核时不能仅以 GDP 为主要指标。

（2）充分吸取中心城市发展的经验教训，在"跨城区"的建设过程中，应始终秉持"绿水青山就是金山银山"的可持续发展理念，不能再走"先污染后治理"的老路，把环境保护以较大权重纳入政府考核机制中。

（3）在"跨城区"设立初期，很多官员多由中心城市和原属地派出，如果仅对这些派驻官员进行任期内考核，很可能出现短期行为，因此要附加考核"跨城区"经济发展的长期绩效，以抑制派驻官员短期行为。

9.3 产业发展建议

在定向承接武汉市产业转移的同时，拟设立的 4 个武汉市"跨城区"应结合自身的特色资源来进行产业结构转变，运用市场化的运作模式，努力形成完整的产业链以促进当地产业升级，有以下建议可供参考：

（1）"武穴 – 黄梅区"。武穴市的特色资源为药材、矿产和农产品，其中中草药品种为 500 多种，矿产 50 多种，煤矿储蓄量较为丰富。武穴市目前拥有医药、化工、建材、机械、船舶制造 5 个支柱产业，先后设立了田镇工业新区、城东新区、广药生物产业园等产业园区。根据武穴市当前的发展状况，若对武穴市进行投资，应重点关注药材种植加工、矿产采掘加工和食品加工等领域，要加强对武穴市在相关领域现有的中小企业提供技术和人才支持，并运用多种鼓励措施，将武汉市中心城区的部分关联产业转移到"跨城区"；黄梅县向南与江西省九江市隔江相望，后者拥有国家级经济开发区，向东与安徽省安庆市接壤，后者是合肥都市圈的重要组成部分。基于此，可将黄梅县升级打造为武汉城市圈对接江西省、安徽省的桥头堡，其物流产业的发展将具有无可比拟的优势。此外，黄梅县的矿产资源十分丰富，尤其是磷矿、重晶石、铁矿储量较多，交通基础设施完善以后，可就近为武汉市的诸多重工业企业提供生产原材料。

（2）"赤壁－洪湖区"。制造业是赤壁市的传统支柱产业，境内有省级经济开发区，目前已经形成"一园五区"的产业格局，包括陆水工业园、赤马港工业园、光谷产业园、茶庵轻工食品工业园和临港工业园。但它们在空间分布上较为分散，各园区产业发展特色不明显，企业布局散乱，呈现出见缝插针的形态，不利于产业与产业之间、企业与企业之间互助协作。设为武汉市"跨城区"以后，赤壁市应重新整合"一园五区"的产业布局，每个园区都有各自的定位和重点，相互之间不重复，聚焦于已经初步成型的应急装备、电力循环、电子信息、食品医药、机械制造、纺织服装等六大优势产业，逐步增强对上下游产业链的控制能力；洪湖市农业生产以淡水养殖业为主，在划为武汉市"跨城区"以后，应大力推行淡水养殖标准化，打造一批知名的农业产业化品牌，同时加大对现有品牌的宣传力度，提升洪湖大闸蟹、黄鳝、熏鱼醉鱼、莲藕等优势水产品的品牌知名度和市场占有率。此外，要努力向产业下游延伸，大力支持水产品深加工企业的发展，增加产品附加值，培育龙头企业，增加品牌附加值。

（3）"公安区"。公安县的特色产业为农业，棉花产量高居全国第七。成为武汉市"跨城区"以后，可充分利用其原材料产地的优势，大力发展纺织业。纺织业是劳动密集型产业，也是武汉市的传统支柱产业之一，随着武汉城市不断发展和产业的换代升级，以及人力成本的不断攀升，武汉市的纺织企业有陆续迁出的需求。而对于第二、第三产业相对薄弱的公安县而言，纺织业又属于高附加值产业，能创造大量的就业机会，有吸收引进的需求。因此，中心城区和"跨城区"之间可协同出台优惠政策，鼓励中心城区的纺织企业向人力资源成本更低、原材料成本更低、土地价格更低的公安区转移，实现双赢。

（4）"麻城区"。麻城市不仅是武汉城市圈汽车产业配套协作基地、中国花岗石产业基地，麻城市的生物资源十分丰富，"人间四月天，麻城看杜鹃"的广告宣传在省内尤为出名，但在国内、国际市场的宣传力度还有待进一步加强。在 34 个武汉市"跨城区"候选地中，麻城市不仅占有最多的 5 条交通轴线，且同时与安徽省、河南省两省相邻，交通区位优势十分明显。在成为武汉市"跨城区"以后，麻城市可结合其优越的地理位置和丰富的旅游资源，将自身定位为湖北省、河南省和安徽省三省的共同后花园，努力将其旅游资源的推介范围从全省扩大到全国，乃至推向国际。除此之外，麻城市还盛产菊花和茶油，在成为武汉市"跨城区"以后，应在资金、技术、人才等领域从武汉市中心城区寻求支持，大力发展农产品深加工，培育若干知名企业，实现麻城市一直以来打造"中国菊花之乡""中国茶油之乡"的愿景。

上述关于产业发展方向的讨论，主要从各"跨城区"的特色资源出发，但产业的发展决不能局限于此，一个城区也不可能只发展一到两个特色产业，越是简单的生态就越脆弱。在实际开发建设过程中应该认识到，人口数量、土地价格、区位优势乃至各种优惠政策也是"特色资源"，可以以此来承接之前没有的产业，进一步促进"跨城区"产业结构的多样化。

9.4 研究展望

由于本书所提出的"跨城区"城市空间扩展模式是一项全新的理论应用实践，没有现成的案例可循，并且涉及治理体制改革、利益重新分配等复杂问题，因此本书围绕"跨城区"所提出的一些设计方案、执行步骤和政策建议不可避免地会存在一些疏漏，或与实际情况不符，需要作进一步的深入研究和修正。本书存在的不足可能包括以下几个方面：

（1）可能对现实阻力考虑不足。本书以武汉市为例，模拟了"跨城区"

城市空间扩展模式的实践过程，并分别从定性和定量的角度分析了这个过程将给武汉市、"跨城区"和湖北省三方带来的影响。然而，"跨城区"的设立还会对第四方——"跨城区"原属地带来显著影响，主要包括辖区面积缩小、税收来源减少、GDP 总量减少、官员"政绩倒退"等，进而给"跨城区"模式的推进带来阻力。为了解决这个问题，可能需要结合实际情况设计更可行的利益分配机制，或参考"省管县"的改革经验从更高层面进行协调，这都是本书研究暂未涉及的内容。

（2）理论模型不符合实际。在进行实证分析的过程中，为了简化问题、突出重点，通常需要为理论模型设定若干假设条件。而这些假设条件却又经常成为模型最大的"软肋"，导致模型设定与实际情况不符，得出的结论自然也就失去了参考价值。在本书中，因为"跨城区"城市空间扩展模式没有现成的案例可循，所以在构建模型的过程中只能依据习惯性做法，或者参考类似的经验来对问题进行简化，因此所得出的结论的可靠性有待进一步检验。

（3）"TOPSIS－熵值法"首位度所含因子数量不够。为了对中西部地区省份经济发展不平衡的程度进行度量，本书提出了"TOPSIS－熵值法"首位度计算方法。因为更侧重于方法的探索，所以在指标体系的构建上依据最基本的柯布－道格拉斯生产函数，只选取了经济产出、资本投入和劳动力投入这三项指标。然而在现实情况中，省域中心城市的优势可能还体现在其他很多方面，且造成的影响也并不能被这三项指标所覆盖，从而使计算结果与实际情况产生偏差。因此，在今后的研究中，仍需要结合实际情况对该方法进行改进，尤其是指标体系的扩充。

| 附录 |

《武汉市城市总体规划（2010—2020 年）》（节选）

总　则

一、编制背景

1. 《武汉市城市总体规划（1996—2020 年）》自 1999 年经国务院批准实施以来，对武汉城市建设和社会经济发展发挥了重要的指导作用，规划确定的 2010 年主要发展目标已基本实现。为落实党中央提出的以人为本，全面、协调、可持续的科学发展观，实施中部地区崛起战略，全面建设小康社会，促进资源节约型和环境友好型社会（即"两型"社会）建设，引导经济又好又快发展，特制定《武汉市城市总体规划（2010—2020 年）》（以下简称"总体规划"）。

二、规划指导思想和主要任务

2. 总体规划的指导思想是：坚持以邓小平理论、"三个代表"重要思想和科学发展观为指导，抓住武汉城市圈获批全国资源节约型和环境友好型社会建设综合配套改革试验区的战略机遇，全面落实湖北省委、省政府关于武汉城市发展的总体要求，加快转变经济发展方式，推进经济结构的战略性调整，构建资源节约型和环境友好型社会，促进社会和谐，建设最适宜创业和居住的城市。

3. 本着延续历史、面向未来，立足武汉城市发展的新形势、新格局和新挑战的宗旨，按照"战略性、科学性、协调性、可操作性"的规划原则，确定总体规划的主要任务是：

（1）按照"工业反哺农业、城市支持农村"的方针，加强社会主义新农村建设，加快形成城乡经济社会发展一体化新格局。

（2）按照"两型"社会建设要求，合理控制城镇规模，保护和合理利用土地资源、山水资源和历史文化资源，建立空间管制体系，构建科学安全的城乡生态格局。

（3）坚持新型城镇化发展道路，突出城镇发展重点和方向，拓展城镇发展空间，调整优化城镇空间布局，建立开放式的城镇空间发展框架。

（4）积极推进新型工业化发展，促进产业结构调整和升级，优化产业空间布局，提高城市综合实力。

（5）培育和提升金融商贸、科教文化、交通物流和通信信息产业功能，形成系统完整、特色突出、集聚力强、辐射面广的现代服务功能体系，增强中心城市综合服务能力。

（6）建设城市快速道路系统和轨道交通系统，构建现代化的城市交通体系和高效便捷的区域一体化交通网络。进一步完善市政设施系统，提高市政基础设施的服务保障能力。

（7）突出滨江滨湖特色，保护武汉历史文化。提升人居环境品质，彰显城市鲜明个性和文化魅力。

（8）建立科学有效的规划实施机制，协调近远期发展需求，增强总体规划的宏观调控能力。

三、规划依据、期限与范围

4. 总体规划编制的基本依据是：

(1)《中华人民共和国城乡规划法》。

(2)《城市规划编制办法》。

(3)建设部《关于同意开展武汉市城市总体规划修编工作的函》（建规函〔2004〕154号）。

(4)《湖北省城镇体系规划（2003—2020年）》。

(5)《武汉市城市总体规划（1996—2020年）》（国函〔1999〕11号）。

(6)《武汉市城市总体发展战略规划》（2004年）。

(7)《武汉市土地利用总体规划大纲（2005—2020年）》（国土资厅函〔2006〕666号）。

(8)《武汉城市总体规划纲要（2005—2020年）》（建规城函〔2006

28 号）。

(9)《武汉市国民经济和社会发展第十一个五年总体规划纲要》。

(10)《武汉城市圈资源节约型和环境友好型社会建设综合配套改革试验总体方案》（2008 年经国务院批复）。

5. 总体规划基期年为 2009 年，规划期限至 2020 年，对若干重大问题展望到 2050 年。近期规划期限至 2010 年。

6. 总体规划的范围为武汉市行政辖区，总面积为 8494 平方公里。

第一章 城市性质、发展目标与规模

一、城市性质

7. 武汉是湖北省省会，国家历史文化名城，我国中部地区的中心城市，全国重要的工业基地、科教基地和综合交通枢纽。

二、城市发展目标

8. 总体发展目标是：

坚持可持续发展战略，完善城市功能，发挥中心城市作用，将武汉建设成为经济实力雄厚、科技教育发达、产业结构优化、服务体系先进、社会就业充分、空间布局合理、基础设施完善、生态环境良好的现代化城市，成为促进中部地区崛起的重要战略支点和龙头城市、全国"两型"社会建设典型示范区，为建设国际性城市奠定基础。

9. 经济发展目标是：

积极转变经济发展方式，开拓国际、国内市场，增强交通、流通优势，提高自主创新能力。调整优化产业结构，坚持走新型工业化和创新型发展道路，突出商贸城市、服务业城市的职能，形成以高新技术产业为先导、先进制造业和现代服务业为支撑的产业发展格局。

10. 社会发展目标是：

坚持以人为本，促进以创业带动就业，积极扩大就业，健全城乡社会保障体系，解决关系群众切身利益问题；加快科技、教育、文化、卫生、体育等各项社会事业发展，提高人口素质和人民生活质量；推进"两型"社会建设，促进人与自然和谐相处；逐步推进城乡基本公共服务均等化，维护社会公平和社会稳定，构建和谐武汉。

11. 城市建设目标是：

加快城市建设现代化进程，提供多元化、多层次的公共服务，建立现代化、高效率的交通与基础设施体系，提高人民居住水平，创造高质量的居住生活环境，建设宜居城市；调整优化城市产业布局，建设先进制造业基地，构筑"高增值、强辐射、广就业"的现代服务业体系，成为对资本和人才最具吸引力的创业城市；保护"江、湖、山、城"的自然生态格局，构建合理的生态框架，建成山青水秀、人与自然和谐、具有滨江滨湖特色的生态城市；保护历史文化名城，彰显城市文化内涵，建设高品质的文化城市。

三、城市规模

12. 严格控制人口自然增长，加强对人口机械增长的管理和引导。预测到2010年，市域常住人口为994万人，其中城镇人口为745万人，城镇化率约75%，主城区常住人口为475万人；到2020年，市域常住人口为1180万人，其中城镇人口为991万人，城镇化率约84%，主城区常住人口为502万人。

13. 严格控制城镇建设规模，加强土地集约化利用。到2010年，市域城镇建设用地控制在688平方公里以内，主城区城市建设用地控制在402平方公里以内；到2020年，市域城镇建设用地控制在908平方公里以内，人均城镇建设用地为91.6平方米；主城区城市建设用地控制在450平方公里以内，人均建设用地为89.6平方米。

第二章　市域城镇体系规划

一、市域城镇体系结构

14. 按照区域统筹、城乡统筹的原则，合理分布人口和劳动生产力，优化配置各类资源，严格控制主城用地，积极促进新城发展，强化建设一批重点城镇，形成以主城为核心，新城为重点，中心镇和一般镇为基础，辐射到广大农村地区的多层次、网络状城镇体系。

以长江、汉江及318国道、107国道、武黄高速公路等为主要城镇发展轴，点轴式布局各级城镇，构筑武汉市四级城镇体系。第一级为主城；第二级为吴家山、蔡甸、常福、纱帽、纸坊、豹澥、北湖、阳逻、盘龙、郑城、前川等11个新城和薛峰、军山、走马岭、金银湖、黄金口、横店、武湖、黄家湖、青菱、郑店、金口、流芳、五里界等13个新城组团；第三级为新沟、侏儒、永安、大集、湘口、乌龙泉、安山、长轩岭、姚集、祁家湾、六指、汪集、仓埠、双柳、旧街等15个中心镇；第四级为花山、柏泉、索河、邓南、山坡、木兰、辛冲等30个一般镇。

15. 完善各级城镇的功能结构，提高整体功能水平。

主城区是市域城镇体系的核心，集中体现武汉作为中部地区中心城市的服务职能，要严格控制发展规模，着力优化提升现代服务功能，大力发展高新技术产业和先进制造业，增强城市的综合实力和辐射力，在带动整个城市发展和促进区域协调发展方面起着枢纽和组织作用。

新城是城市空间拓展的重点区域，依托对外交通走廊组群式发展，重点布局工业、居住、对外交通、仓储等功能，承担疏散主城区人口、吸纳区域农业人口的职能，成为具有相对独立性、综合配套完善的功能新区。

依托主城和新城，联动发展功能特征明显的新城组团。

中心镇是所在地区辐射力较强的生产、生活服务中心和农副产品加工、流通基地。一般镇是所辖区域的综合性经济中心，为城乡物资集散的重要环节。坚持"因地制宜、突出特色、集约发展、综合配套"的原则，有重点地培育一批中心服务型、工业主导型、工商贸易型、旅游休闲服务型、交通枢纽型等特色小城镇。

二、市域建设管制分区

16. 综合生态敏感性、建设适宜性、工程地质、资源保护等方面因素，在市域划定禁建区、限建区、适建区和已建区，实行分区控制、分级管理，保护市域生态环境。

（1）禁建区是指河道、湖泊、湿地及周边控制区，堤防及护堤地，饮用水水源一级保护区，山体及周边控制区，地面塌陷沉降区、地下矿藏分布区，风景名胜区的核心区、自然保护区的核心区及缓冲区，生态绿楔的核心区等。禁建区是城乡生态保育与建设、历史文化保护的重要地区，原则上禁止任何城镇开发建设行为。

禁建区包括：长江、汉江等河流和严西湖等湖泊，东湖风景名胜区、龙泉山风景区、木兰山风景区、道观河风景区、索河风景区、柏泉风景区，沉湖湿地自然保护区、涨渡湖湿地自然保护区、梁子湖湿地自然保护区、斧头湖湿地自然保护区，九峰森林公园、素山寺森林公园、嵩阳森林公园、将军山森林公园、青龙山森林公园、九真山森林公园，祁家湾—李家集石器时代遗址区、湖泗窑址群遗址区、盘龙城遗址区，黄陂的石门、王家河矿藏分布区，蔡甸的侏儒、奓山矿藏分布区以及江夏的乌龙泉矿藏分布区，汉阳中南轧钢厂—洪山青菱乡岩溶地面塌陷地质灾害易发区等。

（2）限建区是饮用水水源二级保护区。蓄滞洪区，风景名胜区的非核心区、生态绿楔的非核心区、森林公园、生态公益林区，基本农田保护区，地下文物埋藏区等。要科学合理地控制和引导限建区的开发建设行为，选择城镇建设用地应尽可能避让限建区。在确保自然生态安全的情况下，预留国家和省级重点建设项目的发展空间。

限建区是禁建区、适建区和已建区之外的地区。

（3）适建区是指适宜城镇开发建设但尚未建设的地区，是城镇发展的优先选择地区，应根据资源环境条件，科学合理地确定开发模式、规模、强度和建设时序。

适建区包括：黄陂横店、宋家岗、滠口和武湖地区，新洲阳逻地区，东西湖走马岭地区，蔡甸城关周边、常福、军山地区，沌口地区，汉阳四新、黄金口地区，汉南纱帽地区，洪山北湖、九峰地区，江夏青菱湖、黄家湖、汤逊湖周边、郑店、金口等地区。

（4）已建区是指现有的城镇建成区。已建区以结构调整、功能优化为主，完善基础设施，提升城市环境，提高集约化发展水平。

已建区主要分布在主城区、吴家山—金银湖地区以及远城区城关镇所在地区等。

三、社会主义新农村建设

17. 打破城乡二元结构，协调城乡统筹发展，深入实施农村"家园建设行动计划"，大力推进农村地区现代化发展，全面建设社会主义新农村，促进传统农业向现代高效生态农业转变、村湾向农村新社区转变，大力推进农村基础设施建设和社会事业发展，促进城乡基本公共服务均等化，不断提高农村生活质量，实现农村繁荣、农业发达、农民富裕，加快形成城乡经济社会发展一体化新格局。

18. 按照区域特点，因地制宜地推动农村居民点建设：在城镇建成区内，坚持统一规划、整体改造、综合配套的原则，逐步实施"城中村"改造；在规划城镇发展区内，实施农村居民点社区化建设；在农业生产区内，按照有利生产、方便生活的原则，适当进行布点调整，有重点地推动中心村建设；在生态保护区和风景区内，鼓励和推动农村居民点的整体外迁或适度归并。

优化农村居民点布局，通过农村土地整理、撤村并点和闲置宅基地的复垦，促进农村居民点向规模化、集约化发展。中心村人口规模一般不小于1000人，基层村一般不小于300人。中心村、基层村用地规模按人均90～120平方米控制。

19. 建立和完善符合农村需要的公共服务体系，加快农村基础教育设施建设，积极发展农民技术教育和职业技能培训，强化农村公共卫生和基本医疗服务设施建设，推进农村文化体育事业发展，提升农村公共服务水平。

完善和提升农村基础设施网络，在广大农村地区实施"通路、通水、通电、通信息，改水、改厕、改圈、改垃圾堆放形式"工程，逐步建立污水收集处理系统，实现垃圾无害化处理。大力实施"山、水、田、林、路、村"综合整理，完善农田基础设施，增强防洪、排涝、防治滑坡等抗自然灾害的能力，全面提高农田质量和土地集约利用水平。加强农村民居的抗震设防工作，有效提高农村防灾减灾能力。

加强农村消防安全布局和消防基础设施建设，消防水源配置、消防设施建设与村庄基础设施建设同步，全面提高农村公共消防安全水平。

以防治水土污染和水土流失为重点，加强农村环境保护，大力发展村湾经济林，建设农田林网，发展绿色产业基地，实施村、宅、路、水等"四旁"绿化。

四、市域农业布局

20. 严格保护耕地，特别是严格保护基本农田。在黄陂中部、新洲中部、东西湖中西部、蔡甸西南部、汉南大部分地区，建设武汉的基础农业发展区。

规划至 2020 年全市农用地总面积为 5424.32 平方公里。耕地保有量不少于 3092.88 平方公里。

21. 突出发展都市农业，提高生态承载力，维护生态安全，提高农田水利设施的利用效率，适度扩大园地、林地、渔业用地的规模，适当附加畜禽饲养地、设施农业用地。

以生态农业、种籽农业、设施农业、精品农业等高效农业为主，建设武湖生态农业园、洪北农业现代化示范区、东西湖西南部现代设施农业区、汉南绿色食品标准化综合示范区、走马岭农产品加工园、双柳都市农业园等现代生态农业区；以流芳、纸坊、郑店、五里界、安山一带的苗木花卉、观赏盆景和茶果经济林生产，洪山、九峰、花山等地的洪山菜薹种植，以及大桥地区的休闲渔业和玉贤、索河等地的园艺农业为主，建设集生产、科研、加工、观光休闲于一体的绿色园艺和观光旅游农业区；在外环高速公路以外地区，以东西湖、黄陂、蔡甸、汉南的奶牛养殖，江夏、黄陂、汉南的生猪养殖，以及新洲、江夏、蔡甸的家禽养殖为主，建设集约化畜禽养殖区；以梁子湖、汤逊湖、牛山湖、鲁湖等湖泊以及辛安渡、东山农场的水产养殖为主，采用生态养殖方式，建设集水产养殖、种苗繁育、科技示范、观光休闲于一体的名特水产养殖；建设都市林业发展区，形成以江夏、蔡甸为主的花卉苗木产业带，以新洲为主的速生丰产林产业带，以东西湖、汉南为主的高效经济林产业带，以黄陂为主的森林旅游产业带和以蔡甸、洪山为主的观光休闲林业产业带。

五、市域旅游规划

22. 积极建设武汉市旅游咨询服务中心，加强旅游资源及交通等旅游服务设施的整合开发与建设，奠定武汉市作为国际国内重要旅游目的地和区域旅游集散中心的地位。

市域旅游发展要充分利用丰富的自然山水资源和深厚的历史文化资源，在保护的同时，大力开发旅游资源，在主城构建以观光游览和商务会展为主的核心旅游区，在远城区构建以休闲度假和生态旅游为主的环城游憩带。

主城区重点建设以黄鹤楼为中心的两江四岸大滨江旅游区和以东湖风景名胜区为核心的大东湖旅游区。远城区重点建设木兰生态旅游区、梁子湖旅游区、中山舰文化旅游区等重点旅游景区。合理利用天兴洲、柏泉、鲁湖、沿江防护林带等独特旅游资源，发展农业观光、生态旅游、水上观光娱乐等。

依托武汉大学、中科院武汉植物园、湖北省博物馆、武汉市博物馆、中国地质大学博物馆等科研教育单位，积极发展科教旅游；重点完善归元寺、长春观、古德寺、宝通禅寺等宗教旅游设施，改善周边环境，促进宗教旅游发展；建设首义文化区，完善农讲所、"八七"会址、"二七"纪念馆等革命遗迹，发展革命传统教育旅游；开发建设马术、高尔夫、水上运动等体育旅游设施，完善武汉动物园等传统景点，建设武汉水乡旅游城、武汉极地海洋世界、武汉华侨城等一批新的主题公园，加快体育、休闲旅游发展；完善江汉路、汉正街、吉庆街、户部巷等武汉特色商贸街，发展商业购物、饮食文化、休闲娱乐等特色都市旅游项目。

第三章　都市发展区规划

一、都市发展区空间结构

23. 都市发展区是城市功能的主要集聚区和城市空间的重点拓展区，按照土地集约、产业集聚、人口集中的原则，统筹布局城市产业、居住、交通、生态、游憩等主要功能，统一安排基础设施建设，形成布局合理、结构有序的城镇化集中发展区域。

都市发展区以外环高速公路附近的乡、镇行政边界为基本界线，东到阳逻、双柳、左岭、豹澥，西至走马岭、蔡甸城关镇、常福，北抵天河、横店、三里，南达纱帽、金口、郑店和五里界，总用地 3261 平方公里。规划至 2020 年都市发展区城镇建设用地 802 平方公里，城镇人口 880 万人，人均城镇建设用地 91.1 平方米。

24. 利用江河湖泊的自然格局和生态绿楔的隔离作用，依托重要交通干线，在都市发展区构建轴向延展、组团布局的城镇空间，形成"以主城区为核、多轴多心"的开放式空间结构。

25. 主城区是城市核心，重点培育和提升城市服务功能，集中发展金融商贸、行政办公、科教文化、信息咨询、旅游休闲等服务业，强化高新技术产业和先进制造业，承担湖北省及武汉市的政治、经济、文化中心和中部地区生产、生活服务中心的职能。

依托城市快速路、骨架性主干路和轨道交通组成的复合型交通走廊，由主城区向外沿阳逻、豹澥、纸坊、常福、汉江、盘龙等方向构筑六条城镇空间发展轴。整合新城和与之联动发展的新城组团，形成东部、东南、南部、西南、西部和北部等六大新城组群，在六大新城组群之间，控制大东湖、武湖、府河、后官湖、青菱湖、汤逊湖等六条放射型生态绿楔。各新城组群是武汉城镇化的重点发展区，承接主城区疏解的人口和功能，带动区域一体化发展。按照设施共享、分级配套、服务便捷的原则，建设一体化的公共设施和基础设施体系。

主城区的滨江核心地段聚集大型区域性的公共服务职能，形成城市中心；在主城区重要地段和各新城组群建设城市副中心和组群中心，对城市中心起支撑和疏解作用，在各城市组团建设若干组团中心，形成三级公共服务中心体系。

二、东部新城组群

26. 东部新城组群依托武鄂高速公路、青化路、汉施公路、江北快速路、轨道10、12号线等主要交通线轴向拓展，在长江下游两岸布局阳逻新城和北湖新城，通过阳逻长江大桥相互联系，跨长江"双城"布局。组群中心布置在阳逻柴泊湖东岸，建设港口物流信息中心，承担服务东部组群的公共服务职能。

东部新城组群主要通过引导主城区钢铁制造、装备制造和化工企业等工业外迁，形成以重化工和港口运输等为主导，纺织业和其他制造业相配套的武汉重型工业发展区。规划城镇建设用地 64 平方公里，人口 50 万人。

27. 阳逻依托长江水运和岸线优势，建设国际集装箱转运枢纽，以电力工业、机械装备制造业、钢材深加工和纺织业为主导，大力发展港口贸易，逐步建设工贸并举的现代化港口新城。北湖利用良好的水域建港条件，建设大型石油化工基地，配套发展其下游产品产业链，逐步建成化工产业集聚发展的武汉化工新城。左岭以精细化工产业为主，在泉井村一带布置居住生活区。

28. 东部新城组群要科学合理地利用长江深水岸线资源，保护涨渡湖、五一湖、陶家大湖、严西湖、严东湖、白浒山等自然山水资源，严格控制白浒山—严东湖—严西湖一线以及武钢东部的生态防护绿地，减轻重化工业发展对城市环境的影响。确保阳逻军用机场的飞行安全，机场净空范围内要严格按照要求控制建筑高度。

三、东南新城组群

29. 东南新城组群依托高新一路、老武黄公路、轨道 2、11 号线等交通干线轴向拓展，包括豹澥新城和流芳组团，形成"一主一副"的布局形态。组群中心布置在豹澥新城武黄高速公路北部，布局高新技术博览、创新研发中心，承担服务东南组群的公共服务职能。

东南新城组群主要依托东湖新技术开发区的发展，通过高新技术产业的规模化建设，形成以光电子、生物医药和机电一体化为主导的高新技术产业区。规划城镇建设用地 49 平方公里，人口 58 万人。

30. 豹澥重点发展以光电子为主的高新技术产业，形成创新研究、成果孵化、科贸服务和规模化生产相结合的现代化科技新城。流芳建成以教育科研、生态居住、高新技术产业和现代物流为特色的新城组团。

31. 东南新城组群要加强对梁子湖、汤逊湖等水资源的保护，采取多种措施防治水体污染，确保良好的水体生态环境。龙泉山要充分利用明楚王陵等历史遗迹，加大景区景点建设力度。加强九峰森林公园的建设，通过植被的综合改造，形成良好山体绿化环境，营造东南新城组群良好的生态环境和旅游休憩空间。控制自九峰到梁子湖之间的绿化通廊。

四、南部新城组群

32. 南部新城组群依托青郑高速公路、武纸路、107国道及轨道5、7、8、9号线、武咸城际铁路等交通干线向南拓展，主要包括纸坊新城以及黄家湖、青菱、郑店、金口和五里界等组团，利用青菱湖、黄家湖和汤逊湖以及青龙山、八分山森林公园等山水资源分隔，形成"一主五副"的组团式的布局形态。组群中心布置在纸坊地区，承担教育科研职能和服务南部组群的公共服务职能。

南部新城组群依托东湖新技术开发区和武汉新大学园区的发展，规划为中部地区的教育科研产业园区和现代物流基地。规划城镇建设用地61平方公里，人口73万人。

33. 纸坊新城是江夏区政府所在地，以医药、机电、建材和高新技术产业为主导，发展交通运输、物流、科教、旅游等第三产业，强化综合服务职能。黄家湖组团是武汉新的高校聚集区，依托环湖路建设高等院校和部分教职工宿舍区，形成环湖分布的新大学园区。金口充分利用其港口和公路等交通优势。建成地区性水陆联运枢纽，重点发展造船、建材、机电工业和文化旅游业。五里界以旅游服务为先导，远景发展为武汉的科教研发基地。青菱组团重点发展先进制造业。郑店建成武汉市南部的建材和农产品物流基地。

34. 南部新城组群要加强基础设施的集约化建设，加强各组团间交通联系，加强对青龙山、八分山山体植被以及青菱湖、黄家湖和汤逊湖等水体的保护和合理利用。

五、西南新城组群

35. 西南新城组群依托318国道、武监高速公路、江城大道及轨道10号线、武潜城际铁路等主要交通线向西南轴向拓展，由常福新城、纱帽新城和薛峰组团、军山组团组成，形成"两主两副"的空间布局形态。组群中心功能由纱帽和常福共同分担，纱帽主要承担汉南区级行政中心和部分公共服务功能，常福承担服务西南组群的公共服务职能及汽车机电研发职能。

西南新城组群依托武汉经济技术开发区的发展，规划形成汽车及零配件、电子信息、家电和包装印刷产业区。规划城镇建设用地 56 平方公里，人口 54 万人。

36. 常福发展汽车及零配件制造、机电制造等主导产业以及汽车展示、销售服务等第三产业。配套居住、商业等生活服务设施，强化综合服务职能。纱帽是汉南区的区政府所在地，规划依托现有的产业基础。形成以农副产品深加工为特色，以机电制造、包装印刷等为主导产业的滨江工业新城。薛峰是汽车零配件生产基地，军山重点发展机械制造和电子工业。

37. 西南新城组要充分保护珠山湖、后官湖、小奓湖以及珠山等山水资源，采取集中与分散相结合的方式，集中处理生活、生产污水，确保良好的生态环境。严格划定通顺河沿线安全区，确保防洪安全。

六、西部新城组群

38. 西部新城组群依托金山大道、107 国道、老汉沙公路、汉蔡高速公路和轨道交通 1、6、11 号线等主要交通线轴向拓展，由吴家山新城、蔡甸新城和走马岭、黄金口、金银湖等组团组成，由汉江、金银湖、什湖、后官湖等湖泊河流分隔，形成"两主三副"的布局形态。组群中心依托吴家山和蔡甸分别承担两个区级行政中心和部分公共服务职能。

西部新城组群以食品加工、现代物流和轻工产业为主导，形成面向广大江汉平原的国家级食品加工工业区。规划城镇建设用地 79 平方公里，人口 95 万人。

39. 吴家山是东西湖区的政治、经济和文化中心，重点发展成为以国家级食品加工工业基地和台商投资区为依托的现代化新城。金银湖是汉口北部的滨水居住新区，配套发展体育、休闲、游乐等功能。走马岭是食品加工和保税物流为主导的产业组团。蔡甸是蔡甸区政府所在地，发展成为武汉西部的轻工业发展区和农副产品集散地，依托良好的自然山水条件，建设宜居型新城。黄金口形成以家电制造和食品加工为主的工业组团。

40. 西部新城组群要严格保护汉江水质，确保武汉市饮用水水源安全。加强汉江两岸和金银湖周边的生态环境保护，严格保护吴家山与走马岭、蔡甸与黄金口之间的生态防护隔离带，防止城市的蔓延式扩展。严格保护东西湖区排水沟渠系统，提高排渍能力。

七、北部新城组群

41. 北部新城组群依托岱黄高速公路、机场路、盘龙大道和轨道 2、3、7、8 号线、汉孝城际铁路等城市对外交通线轴向拓展，由盘龙新城和横店组团、武湖组团组成，形成"一主两副"的布局形态。组群中心布局在盘龙新城，承担服务北部组群的公共服务职能。

北部新城组群充分利用天河机场的航空运输优势，形成临空产业集中发展区。规划城镇建设用地 43 平方公里，人口 48 万人。

42. 盘龙新城是黄陂区南部的经济中心，依托天河机场发展航空物流和高新技术产业。横店建成航空物流基地和临空工业园。武湖是以农业产业化为主导的综合城镇。

43. 北部新城组群要严格控制机场净空；保护好后湖水质，妥善解决给水问题，确保给水安全；严格保护组团之间的隔离绿化等，保护现有山水资源和盘龙城历史文化资源。

第四章 主城区优化调整

一、主城区功能优化调整原则

44. 主城区以三环线以内地区为主，包括局部外延的沌口、庙山和武钢地区，总面积为 678 平方公里。本着历史延续性与战略前瞻性相结合的原则，对主城区进行优化调整，实施功能布局的"两降三增三保"，即降低旧城建筑密度，降低旧城人口密度；增加绿地及开放空间，增加各项重大公共服务设施，增加停车场等交通设施；保护历史文化街区及周边环境风貌，保护山体湖泊及周边生态环境，保留改造高就业无污染的都市型工业。

二、主城区三镇关系

45. 主城区依托"两江交汇、三镇鼎立"的自然格局，以长江、汉江及东西向山系为纽带，形成汉口、武昌、汉阳相对独立完整的城市功能体系，在此基础上构建三镇一体化发展的总体格局。

汉口地区主要发展服务中部、面向全国的金融贸易和商业服务职能。规划常住人口154万人，建设用地116平方公里。

汉阳地区主要发展先进制造业、会展博览、文化旅游、生态居住等职能。规划常住人口100.6万人，建设用地103平方公里。

武昌地区主要发展科教文化、高新技术、金融商务和省级行政中心职能。规划常住人口247.5万人，建设用地231平方公里。

三、主城区规划结构

46. 主城区延续圈层发展、组团布局的格局，引导城市功能的集聚发展，将主城区规划结构调整为中央活动区、东湖风景名胜区和综合组团。

47. 中央活动区北到黄浦大街、徐东大街，南到雄楚大街、墨水湖北路，西至十升路、京广铁路，东至东湖路、珞狮路。其用地划分为永清、江汉关、汉正街、月湖、归元寺、月亮湾、积玉桥、首义、王家墩、站前、花桥、新华、惠济、宝丰、赫山、梨园、沙湖、洪山、晒湖等19个区片，规划建设用地95平方公里，人口165万人。

48. 综合组团以居住、生活服务和都市工业为主导，是职居相对平衡的城市单元，规划黄浦、二七、后湖、塔子湖、古田、十升、四新、沌口、白沙、南湖、珞喻、关山、杨园、青山、武钢等15个综合组团，综合组团以轨道交通线、快速路及主次干道，加强与中央活动区的联系。东湖风景名胜区和综合组团共规划建设用地355平方公里，人口336.5万人。

四、主城区功能布局

49. 中央活动区集聚城市重要的公共服务职能，布局大型公共服务设施，在空间上形成以滨江活动区为主体的滨江文化景观轴和沿轨道 2 号线的垂江商务中心轴。

（1）滨江活动区是一环线以内的滨江地段，规划划分为永清、江汉关、汉正街、月湖、归元寺、首义、月亮湾、积玉桥等 8 个区片，重点发展商业贸易、文化娱乐、旅游休闲功能，保护历史文化风貌，塑造滨江城市景观。

（2）汉口地区王家墩区片主要依托建设大道西段集中建设金融商务、贸易咨询、会展信息、商业服务等重大设施，形成现代商务中心区。新华片以武汉国际会展中心和中山公园为中心，整合提升商业、医疗、会展、体育、文化等职能。惠济片、站前片、宝丰片、花桥片主要发展行政办公、交通枢纽和公共配套服务职能提升优化居住生活环境。

（3）武昌地区沙湖片主要围绕沙湖公园建设现代艺术中心和企业总部基地，布局区域性公共服务设施。洪山片主要依托中南路和中北路，在洪山广场周边集中布局行政、商务、酒店、体育等设施。梨园片、晒湖片集中发展文化博览、办公功能。

（4）汉阳地区赫山区片通过功能置换，集中布置商业贸易和现代化滨水居住区。

50. 规划建设四新、鲁巷、杨春湖三个城市副中心。其中，四新副中心重点建设和培育国际博览、商务办公等生产性服务职能。鲁巷副中心重点建设和培育高新技术产品交易、信息服务等生产性服务职能。杨春湖副中心重点建设区域性客运枢纽和旅游服务职能。

51. 调整优化主城区居住用地布局，引导旧城居住人口向综合组团疏解，以后湖、古田、站北、谌家矶、南湖、白沙、四新、关山、杨园等为重点，集中成片建设住宅区。规划主城区居住用地 135.2 平方公里，人均居住用地 26.9 平方米。

居住区建设坚持住宅和公共服务设施同步发展的原则，规模超过 10 万人的综合组团应设置组团中心，低于 10 万人的综合组团可设置 1~2 个社区中心，满足组团内部的公共服务需求。

52. 外迁主城区扰民工业企业，实施"退二进三"策略，调整优化工业用地布局。青山工业区、东湖高新技术开发区、武汉经济技术开发区应突出各自产业特色，积极发展上下游产业链。主城区规划工业用地93平方公里，人均工业用地18.5平方米。

适当保留江岸堤角、江汉现代、硚口汉正街、汉阳黄金口、武昌白沙洲、青山工人村等都市工业园，发展无污染、高就业、高附加值的劳动密集型产业。

53. 优化提升主城区交通系统，建设"环形＋放射"的快速路系统，实现快速路入城。强化主城区内支次路网建设，重点强化垂江道路建设，改善城市交通环境。结合轨道交通发展，建设一批交通枢纽站点，实现各交通系统的高效衔接。

54. 优化主城区公园绿地布局，扩大绿地面积，凸显滨水绿化特色。提高绿化建设标准，建设以长江、汉江和东西向山系为主体的"十字"绿化轴，强化绿地布局的均衡性和系统性，完善公园体系，消除公园绿地服务盲区。

将六大生态绿楔向主城区内延伸，建设青山港、汉西、龙阳湖、白沙洲、南湖、东湖等6个大型公园、风景区和防护绿化集中区，实现引楔入城。强化长江、汉江天然通风廊道的作用，结合道路系统建设，控制预留垂直通往两江的低密度生态廊道。控制预留墨水湖、南湖、沙湖及汉口"五湖"公园周边的开放空间和低密度带。

五、旧城更新

55. 旧城是指1980年代前武汉三镇的城市建成区，主要位于二环线以内和堤角、古田、关山、青山等地区共177平方公里。

旧城更新以"保护城市特色、提升城市功能、优化人居环境、改善基础设施"为目标，合理利用现有资源，改善旧城的公共服务和居住条件，开辟绿化空间和消防通道，迁移或改造影响城市消防安全的建筑物，增加道路和停车设施，实施功能置换和环境整治，降低人口密度，焕发旧城活力。

56. 坚持"整体规划、成片改造、渐次推进"的原则，明确划分保护性修建整治性改造和成片拆除重建的区域，采取不同的改造措施进行旧城更新，实施危旧房改造的区域最小开发单位应不少于2公顷。

对各级、各类历史保护区及历史建筑应采取保护性修建措施。按照历史文化资源保护的相关规定，以维修改造或功能置换为主，改善基础设施条件和环境质量，实施保护性的修缮。

对大多数房屋状况良好，市政设施配套基本满足，且危旧房建筑密度较大、环境质量较差的区域，应采取整治性改造措施。补充公共服务设施和绿化等公共活动空间，完善市政基础设施，改造危房，提高人居环境质量。

对于危房比例超过50%，房屋破旧、环境质量差，且市政设施配套不足的区域，应进行规模化的集中成片更新和改造。

57. 江汉关片、汉正街片、南岸嘴片、首义片和归元寺片的旧城更新，应严格按照历史文化名城保护规划进行保护性更新，鼓励发展适宜旧城传统空间肌理和尺度的文化、旅游职能。

永清片、积玉桥片和月亮湾片旧城更新必须确保大型区域性公共服务设施的建设需要，并控制面江的开放空间和绿化走廊，确保滨江岸线的公共性，塑造滨江滨湖城市特色。

古田、青山、关山三大传统工业组团，要考虑传统工业文化的展现和延续，优先确定需要保护的街区和建筑，进行保护性利用。

六、主城区建设强度控制

58. 规划对主城区的开发建设强度实施分区控制。

中央活动区内的王家墩、武广、江汉路、积玉桥、月亮湾、洪山等区片及四新、杨春湖、鲁巷等3个城市副中心为高强度控制区，宜集中建设高层建筑群和标志性超高层建筑。建筑密度30%～50%，基准容积率2.5～4.0，绿地率25%以上。

中央活动区内的其他区片、综合组团中心以及交通枢纽附近区域为中高强度控制区，以多层、高层为主，高层建筑相对集中建设。建筑密度25%～30%，基准容积率1.5～2.5，绿地率30%以上。

综合组团内以居住为主的地区为中等强度区，以多层、小高层为主，邻近城市干道和局部地区可布置部分高层建筑。建筑密度25%～30%，基准容积率0.8～1.5，绿地率35%以上。

以教育科研、体育娱乐、度假疗养、高新产业、港口仓储等为主要功能的地区为中低强度区，以多层为主，局部地区可根据需要布置少量高层建筑。建筑密度 10%～25%，基准容积率 0.3～0.8，绿地率 40% 以上。

城市生态廊道控制为低密度区，建筑高度控制在 10 米以下。建筑密度控制在 10% 以下，基准容积率控制在 0.3 以下，绿地率 50% 以上。

七、地下空间利用

59. 集约高效利用土地资源，鼓励地下空间有序开发利用，与地上空间开发相结合，建设完善的地下交通系统、地下生命线系统、地下人防系统、地下市政设施系统、地下公共设施系统，形成现代化的地下空间综合利用体系。合理引导立体绿化、空中连廊等地上空间利用形式。

60. 城市地下空间要平战结合，合理安排市政管线层、人员活动频繁的空间层（商业、娱乐、轨道交通人员集散层和人行地道等）以及物用空间层（存车、储物、物流及设备等）。

61. 地下空间的利用应优先满足公共利益需要，优先安排公共空间、公共设施市政基础设施。地下空间的开发要优先考虑繁华商业区、交通枢纽、人口稠密区等需求量大的地段。滩涂、大型垃圾填埋场、地下文物埋藏区以及可能诱发地质灾害的地区不宜开发地下空间。

第五章　综合交通规划

一、交通发展目标和策略

62. 充分发挥武汉区位与交通优势，适应城市社会经济发展需要，引导城市空间结构调整和功能布局优化，实现各种交通方式高效衔接，构建安全便捷、公平有序、低耗高效、舒适环保的综合交通系统，促进区域交通、城乡交通协调发展，将武汉建设成为全国重要的综合交通枢纽。

63. 完善市域公路网络和城乡客货运体系，优化主城区道路系统，加强轨道交通建设，确立公共交通的主导地位。2020 年，实现市域外围城镇至主城区出行时间不超过40分钟，都市发展区内95%以上的居民出行时间不超过50分钟。主城区公共交通方式出行比例大于35%，其中轨道及快速公共交通承担公交出行总量的比例不低于35%。2020年，全市机动车保有量控制在230万辆以内，都市发展区居民出行总量达到2800万人次/日。

64. 武汉交通发展策略是：

（1）加强交通枢纽建设，实现各种交通方式之间的紧密衔接。建设城际快速交通走廊，统筹区域交通设施的规划、建设、管理和运营，促进重大区域交通设施的资源共享，推进区域交通一体化。

（2）推行以公共交通为导向的土地开发模式（TOD），重点建设都市发展区复合交通走廊，引导城市空间有序拓展。调整主城区交通与用地布局，提高土地复合利用效率，健全建设项目交通影响评价机制，科学确定建设规模，实现城市交通与土地利用协调发展。

（3）加速发展城市轨道交通和地面快速公共交通系统，优化调整常规公共交通线网结构，保障公共交通设施用地，继续推进公共交通运营和管理机制改革，确立公共交通在城市客运交通中的主导地位。

（4）充分利用信息化与智能化技术，提高交通管理水平和交通系统运行效率；实施区域差别化交通管理政策，强化交通需求管理。加强交通法规建设，完善制定交通管理规划，强化道路交通安全建设，加大交通安全社会宣传力度。

（5）大力发展城市绿色交通系统。创造良好的步行和自行车交通条件，加强交通环境综合治理，强化机动车尾气污染治理，力争达到世界发达国家城市机动车尾气排放标准。

二、对外交通

65. 加强空港设施建设，积极培育和发展国内国际航线，将天河机场建设成为辐射全国、面向国际的大型枢纽机场和航空物流中心。至2020年，形成4200万人次/年、44万吨/年吞吐量的能力。远景考虑第二民用机场选址规划研究问题。

提高天河机场进出场道路疏散能力，将现有机场路改造达到高速公路标准，建设天河机场与福银高速公路的快速联络线，新建机场第二高速通道。

66. 提升武汉作为全国重要铁路枢纽和客运中心的地位。规划至 2020 年，形成以京广客运专线、沪汉蓉快速客运通道、武九客运专线以及既有京广线、武九线和武康线为骨架的铁路运输网络，衔接北京、西安、重庆（成都）、广州、南昌（福州）、上海等六个方向的特大型铁路枢纽格局，开通武汉联系区域性中心城市以及黄石、黄冈、咸宁、孝感、潜江、天门等 6 个武汉城市圈重要城市的城际列车。

铁路客运系统形成三个主要客运站（武汉站、汉口站、武昌站）的格局。新建武汉站、改扩建汉口站、改造武昌站，城际铁路引入流芳站，远景配合第三过长江通道预留新汉阳站。铁路解编系统按"一主（武汉北）两辅（武昌南、武昌东）"的布局，新建武汉北编组站，预留武昌南编组站扩建条件，保留武昌东编组站，调整江岸西编组站功能。新建吴家山集装箱中心站、滠口货场、大花岭货场，扩建舵落口货场，规划建设新店、沌阳等综合性货场。与长江水运相结合，预留建设集装箱第二中心站条件，逐步将主城区二环线以内货场外迁。适时迁改武汉枢纽北环线，建设至军山、金口等地区的铁路专用线。

67. 武汉公路网络由国家、区域、市域和村镇四级公路组成。规划至 2020 年等级公路网总里程达到 10000 公里以上，公路网密度达到 130 公里/百平方公里。

国家干线网络由国家高速公路组成，规划形成由京港澳、沪蓉、沪渝、大广、福银等 5 条国道主干线和外环高速公路组成的环形放射式国家干线公路网络。区域干线由区域高速公路和一级公路组成。2020 年，建成武英、武麻、汉孝、汉蔡、武监、青郑、武鄂、硚孝等 8 条高速出口公路和新港高速公路。根据远景发展需要，研究在市域预留军山至袁家湾、武湖至武钢过江通道，结合新港高速公路，预留双柳至华容的过长江通道。新建、改建 106、107、316、318 等四条国道武汉段及黄土、黄孝、阳福等一级公路。市域干线由市域二级和二级以上公路组成，主要承担市域内各城镇、对外交通枢纽、风景区的交通联系。村镇公路由三级、四级公路组成，主要服务于一般乡镇之间、村镇之间的交通联系。村镇道路连通所有中心村。

68. 结合铁路、公路、城际铁路、城市轨道、地面公交系统布局，构建一体化的客运枢纽，实现各种交通方式之间的有机衔接。2020年，建成青山、武昌、汉口、新荣村、吴家山、古田、永安堂、汉阳、青菱、关山和天河机场等11座客运主枢纽。

结合铁路、水运、公路、航空设施布局，构建交通一体化的货运枢纽，积极发展物流产业。2020年建成横店、刘店、舵落口、蔡甸、郭徐岭、军山、关山、张家湾、郑店、阳逻、北湖等11座货运主枢纽。

69. 整合武汉城市圈港口岸线资源，建设武汉新港，将武汉新港建设成为中部重要的近海直达港和远洋喂给港，以集装箱、汽车滚装、大宗散货运输为主的枢纽港。积极推进武汉及上下游地区岸线的统筹利用，促进区域港口协作与发展，振兴长江水运，逐步提高长江运输量。至2020年，武汉新港货运吞吐量达到21650万吨/年，集装箱吞吐量达到500万标箱/年。

合理布局港区功能，建成以阳逻、青山、汉阳、北湖、金口等五大港区为主的现代化港口，远景预留中湾、金水、新纱帽、邓南和汪家铺5个港区。集装箱运输主要安排在阳逻和杨泗港区，煤炭转运安排在林四房港区，件杂货安排在汉阳、青山、金口等港区，金属矿石运输安排在武钢工业港、北湖港区，钢材运输安排在北湖港区、阳逻港区，石油化工危险品运输安排在青山、阳逻、白浒山和林四房港区，矿建材料运输安排在青山、永安堂等港区，商品汽车运输安排在沌口、军山港区，客运以武汉客运港为主。结合武汉新港的规划和建设，适时研究外迁杨泗港，进行用地调整，发展港口服务和商贸物流功能。整治长江干线、汉江国家高等级航道和金水、倒水等重要支流航道。

70. 积极发展石油、天然气等管道运输，加强对现有管线的保护与控制，控制天然气"西气东输"二线、"川气东送"线等长输管道及配套设施用地，建设武汉长输管道管理中心。

三、都市发展区交通

71. 根据都市发展区用地布局，构建"双快一轨"的复合交通走廊，引导城市空间拓展。2020年，建成由18条高快速路、13条骨架性城市主干路组成的"双快"干线道路。建设城市轨道和城际铁路，强化大运量快速公共交通在复合交通走廊中的骨干地位。

东部新城组群复合交通走廊由轨道交通 10、12 号线、江北快速路、武英高速公路、汉施公路、武鄂高速公路、临江大道、青化路等组成；东南新城组群复合交通走廊由轨道交通 2 号线及其支线、高新一路、高新二路、老武黄公路等组成；南部新城组群由轨道交通 5、7、8、9 号线、武咸城际铁路、青郑高速公路、武纸路、107 国道、武金公路、文化大道等组成；西南新城组群复合交通走廊由轨道交通 10 号线、武潜城际铁路、武监高速公路、318 国道、江城大道等组成；西部新城组群复合交通走廊由轨道交通 1、11 号线、汉蔡高速公路、老汉沙公路、硚孝高速公路、107 国道等组成；北部新城组群复合交通走廊由轨道交通 2、3、7、8 号线、汉孝城际铁路、机场路、机场二通道、岱黄高速公路、解放大道与福银高速联络线、盘龙大道等组成。

规划控制城市四环线。加强盘龙大道、楚天大道、九通路、青东路等骨干性主干路建设，强化都市区各新城组群之间的横向交通联系。预留武湖至武钢过江通道、白玉山至花山连通道。

72. 新城及新城组团的道路网络以"方格网"式布局为主，规划道路广场面积率为 15% ~ 20%，路网密度为 6 ~ 7 公里/平方公里。其中干道网密度 2.5 ~ 3 公里/平方公里。地方性主干路与城市快速路相交设置互通式立交，立交间距为 3 ~ 5 公里；与骨架性主干路相交设置全互通或部分互通式立交，立交间距为 1.5 ~ 3 公里。

四、主城区交通

73. 坚持以人为本、公交优先的原则，发展城市轨道交通，优化常规公共交通，加强主城区快速路和过江通道建设，完善三镇内部道路系统，强化交通需求管理，形成以公共交通为主导、结构合理、功能完善的综合交通体系。

主城区道路系统保持环线、放射线与方格网相结合的布局，道路网络由城市快速路、主干路、次干路和支路组成。其中快速路由 3 条环路和 13 条放射线组成。2020 年。主城区规划道路总长约 3130 公里，道路网密度为 7 公里/平方公里，道路面积率为18.3%，人均道路面积15.3平方米。

74. 主城区交通建设的重点是：

（1）优化主城区骨干道路系统，保持环形放射式的快速路格局，结合城市结构调整和轴向拓展，增加鹦鹉洲过江通道，畅通城市一环线；增加内环线砖口路至常青路、二环线发展大道至硃孝高速公路、珞狮南路至文化大道、珞狮南路至高新一路、友谊大道至三环线、墨水湖北路至三环线等环线切向快速放射线和联络线，提高环线交通节点交通疏散功能。三条环线与快速放射线、联络线相交成网，形成"环网结合、轴向放射"的快速路系统。加强主城区与新城组群的道路联系。

（2）完善三镇内部道路系统，汉口地区打通建设渠路、建设大道延长线、中一路、塔子湖西路、新华西路、三眼桥北路、金墩路、银墩路、古田四路等9条穿京广、汉丹铁路的连通路，强化京广、汉丹铁路沿线地区南北向道路建设；维护历史地段空间肌理，保持汉口旧城道路空间格局。汉阳地区完善四新、汉阳旧城等地道路网络，增加至黄陂、大集方向的出口路。武昌地区重点建设垂江道路，增加武昌中心区与杨春湖地区、关山地区的连通路，改善环东湖风景名胜区交通条件。完善三镇次、支路网，改善交通微循环。

（3）注重解决过江交通问题，在已建成的长江大桥、长江二桥、白沙洲长江大桥、青岛路隧道、基本建成的天兴洲长江大桥、在建的二七长江大桥的基础上，新建鹦鹉洲和杨泗港2条过长江通道，在主城区预留沌阳至青菱、三阳路至秦园路、二七路至铁机路、堤角至工业大道等4条过长江通道。在已建成晴川桥、江汉桥、月湖桥、知音桥、长丰桥的基础上，新建古田桥、龙阳桥2座过汉江桥梁。

（4）快速路与所有相交干道均应采用立交，主干路与主干路、主干路与次干路可适当考虑建设立交，平交路口原则上应进行交通渠化。

（5）城市快速路红线宽40～65米，主干路红线宽40～70米，次干路红线宽25～40米，支路红线宽15～25米。城市道路横断面的布置要为轨道交通、常规公交、市政管线、人行过街设施预留空间。

76. 公共客运交通要建立以大容量城市轨道交通和快速公交为骨架，常规公交为基础，出租车、轮渡等为辅助，多层次、一体化的交通系统。

到 2020 年，规划建设轨道交通线路 282 公里。其中建成轨道交通 1 号线、2 号线、3 号线、4 号线、5 号线一期、6 号线一期、7 号线一期和 8 号线一期工程，线网长度 244.7 公里，根据城市的发展需要，适时建设 5 号线二期、6 号线二期和 10 号线一期工程。建成古田、常青等 5 座车辆基地和硚口、堤角等 14 座车场。远景到 2050 年建成 12 条总长约 540 公里的城市轨道交通，形成"轴向放射、相交成环"的轨道交通网络布局，轨道交通线网覆盖主城区，连接天河机场、阳逻、吴家山、蔡甸、常福、纸坊、豹澥等外围地区。

76. 结合轨道交通建设和城市用地发展，优化调整公交线网布局。公交线路按快线、普线、支线三级进行布置。主城区常规公交线网密度达到 3.5 公里/平方公里。公交场站按保养场、停车场、枢纽站及首末站等四类规划控制用地。2020 年，主城区布局保养场 12 座，大型公交枢纽站 12 座，中小型枢纽站 24 座，公交首末站及停车场 94 座。公交场站设施应与新区开发和旧城更新同步建设。

合理控制出租车规模，完善出租车服务设施，在火车站、机场、公路客运站商业区、公交枢纽站、大型居住区设置出租车营业站。适应城市客运交通发展，促进轮渡由客运型向集旅游观光、休闲娱乐、客运交通于一体方向发展。保留过江汽渡功能，为城市过江交通提供应急交通保障。

77. 按照"配建停车为主，公共停车场（库）为辅，路内停车为补充"的原则，实施区域差别化的停车供给政策。在中央活动区严格控制停车需求，主城区适度控制公共停车规模，新城组群根据需求提供停车泊位。制定停车建设和管理政策，严格按规定落实建筑物配建停车位，充分整合城市停车设施资源，鼓励社会积极参与停车设施建设。积极发展停车换乘系统，在主城区边缘换乘节点和城市大型交通枢纽设置停车换乘设施，鼓励换乘公共交通进入城市中心地段。主城区布局公共停车设施约 680 处，提供公共停车泊位约 16 万个。

78. 完善城市步行及自行车系统，为残疾人提供无障碍设施。发挥自行车短距离出行和接驳公交的功能，积极引导长距离的自行车出行向公共交通转移。在滨水地区建设环境宜人的步行、自行车道路，限制机动车通行，营造市民亲水、休闲的良好交通环境。

根据武汉"夏晒冬寒"的气候特点，在城市核心区、商业区、重要交通节点等人流较为集中的地段，建设全天候的人行立体过街设施。

79. 强化交通管理设施与智能系统建设，完善交通标志、标线等交通工程设施；应用智能交通（ITS）等先进技术，建成现代化的交通综合管理指挥控制和应用系统；在中央活动区实施严格的交通需求管理，引导交通流合理分布，保障城市交通畅通。

第六章　工业及仓储用地布局

一、工业发展目标

80. 坚持传统工业与先进制造业相结合，加快老工业基地改造，优化全市工业结构体系，集中发展钢铁制造、汽车及机械装备制造、电子信息、石油化工等四大支柱产业，培育壮大环保、烟草食品、家电、纺织服装、医药、造纸及包装印刷等六大优势产业。加强自主创新，提升产业技术水平，培育发展生物工程、新能源、新材料等新兴工业，适度发展都市型工业，构建新型工业结构体系，提供更多就业岗位。

规划至2020年全市工业用地不少于239平方公里，其中都市发展区内的工业用地为193平方公里。

二、工业布局原则

81. 按照"相对聚集、分层布局"的原则，将全市工业布局由内向外划分为严格限制区、控制发展区、重点发展区、引导发展区等四个层次。二环线以内为严格限制区，除保留少部分非扰民的小型工业点和工业地段外，逐步搬迁改造其他工业企业，实施"退二进三"；二环线至三环线之间为控制性发展区，调整改造工业用地布局，依托现有的规模较大、有发展潜力的工业聚集地段，因地制宜地集中发展都市型工业园；三环线之外的都市区为工业重点发展区，吸纳整合主城区外迁工业，强化、突出主导产业的优势地位，以大型产业园区为重点，按照工业门类聚集发展大型工业集群；都市发展区之外为引导发展区，依托远城区的系列中心城镇，提高工业用地投资强度，引导工业集聚化布局。

三、工业用地布局

82. 支持重点产业园区的空间扩展，建设五大产业聚集区。即以青山、阳逻地区为主体，向北湖、左岭等地区延伸，重点建设钢铁化工及环保产业聚集区。以沌口地区为主体，向常福、军山、纱帽等地区延伸，重点建设汽车及机电产业聚集区。以关山地区为主体，向庙山、流芳、藏龙岛等地区延伸，重点建设光电子及生物医药产业聚集区。以吴家山地区为主体，向走马岭、径河延伸，重点建设食品产业聚集区。加强老工业基地改造，充分利用主城区既有的工业厂房资源，以节约资源、提升环境、增加就近就业为宗旨，适当保留江岸堤角、江汉现代硚口汉正街、汉阳黄金口、武昌白沙洲、青山工人村、洪山左岭等都市工业园，形成都市工业聚集区。

83. 在全市布局"5大10中15小"共30个工业区。其中，在青山、阳逻、沌口、吴家山和关山等地区建设5个大型工业区，在北湖、龙口、纸坊、石、常福、黄金口、径河、蔡甸、滠口、汉正街都市工业园等地区建设10个中型工业区，在谌家矶、武湖、金银潭、纱帽、军山、金口、左岭、郑城、前川、大花岭、横店、江汉、洲头、白沙洲、堤角等地区建设15个小型工业区。

四、仓储用地布局

84. 采取外迁危险品仓库、调整分散式仓、建设大型仓储区的方式，完善主城区现有的仓储布局，将丹水池、长丰等地区的危险品仓库外迁至阳逻、北湖、左岭，对布局分散、自动化程度低的普通仓库、堆场以及徐东路、二七路地区的国家大型储备、中转仓库逐步调整至新城或中心镇。

86. 根据现代物流发展的需要，结合空港、港口、铁路、高速公路等对外交通枢纽以及大型工业园区的布局，重点建设滠口、青山、北湖、阳逻等

4个大型现代化仓储区。提升、改造丹水池、走马岭、舵落口、沌口、金口、郑店等6个中小型仓储区，满足生活、生产需要。

第七章　居住用地布局

一、居住发展目标

86. 努力塑造多元化的居住社区，建立完善的住宅供给体系，满足不同层次的住房需求。提高居住区各项公共服务设施和配置公共绿化水平，建设交通方便、环境优美、生活舒适、配套齐全的新型社区，全面提升武汉市人居环境和住宅建设水平，创造宜居城市。

81. 到2020年，都市发展区居住用地总面积达到213平方公里，人均居住用地面积达到24.2平方米，人均住宅建筑面积提高到35平方米，达到小康社会居住标准。

二、居住用地布局

88. 按照"环境优先、人口疏散、交通导向、职住相对均衡"的原则，依托公交干线和快速轨道交通，在自然环境良好的区域相对集中布置居住用地，建立居住、就业、服务相对平衡的空间结构体系，引导主城区人口向外围疏散，形成分布合理、配套完善的居住用地空间格局。

89. 主城区内鼓励高层、低密度、高绿地率的住宅建设，提高土地利用效率，严格控制零星建房。继续推进后湖、南湖、古田、东湖、沌口等大型居住区建设，新建四新、白沙洲、谌家矶等大型居住新区，完善后湖、站北、关山、青山等居住区的环境和配套设施建设。

90. 结合产业布局，在新城组群集中建设盘龙、汤逊湖、豹澥、流芳、吴家山、金银湖等大型居住新区和蔡甸、阳逻、常福等中型居住区。结合中小型工业园，就近配套布置一批小型居住区。都市发展区外重点加强前川、邾城和中心镇的住区建设，提高居住环境质量，增加对农村人口的吸引力。

新建居住区应集中成片开发，保障住宅合理间距，增加公共绿地、道路交通、市政设施等，预留充足的停车泊位，并同步配置教育、医疗、体育、文化、商业等公共设施。合理利用武汉丰富的山水资源，改善居住区环境。

91. "城中村"是主城区内重点改善区域，应加大改造力度，促进"城中村"向城市社区转变。对符合用地要求、质量较好的住房，宜采取保留、改建的方式进行改造建设，重点解决公共服务、基础设施和城市景观等问题；对质量稍差的住宅进行翻新修缮，改善环境，提高居住舒适度；对房屋质量和生活环境质量差、服务设施严重短缺、存在安全隐患、不能满足现代城市生活要求的住区进行拆迁改造。

三、住宅分类建设

92. 加大普通商品住房的建设力度，优化大、中、小型住宅供应结构。普通商品住房在满足居民一般生活需求的基础上，逐步提高住房舒适度和功能配置，为广大居民营造安居乐业的舒适生活环境。

93. 适当提升经济适用房比例，近期结合后湖、古田、青山、常青等居住区进行安排，远期在各新城内选址布置。

建立保障性住房供应制度，扩大保障房的覆盖范围，解决低收入城市居民的安居问题。建立健全以财政预算安排为主、多渠道筹措的保障房资金来源渠道，采取多种方式，保障低收入家庭的住房需求。

四、社区发展

94. 社区是组织居民生活的基本单位，以社区为载体，完善公共服务设施。大力发展社区事业，不断提高居民的整体素质和社区的文明程度，努力建设管理有序、服务完善、环境优美、治安良好、生活便利、健康和谐的新型现代化社区。

参 考 文 献

[1] 陈美球，吴次芳，等．南昌市城镇用地扩张的遥感动态监测研究［J］．中国土地科学，1999，13（6）：38－43.

[2] 邓清南，许虹．成都环城市旅游带建设探索［J］．成都大学学报（社科版），2005（3）：55－58.

[3] 邓瑞民．建设用地扩展模式空间差异与驱动机制的多尺度研究［D］．广州：中国科学院大学（中国科学院广州地球化学研究所），2018.

[4] 邓智团，唐秀敏，但涛波．城市空间扩展战略研究：以上海市为例［J］．城市规划，2004（5）：17－20.

[5] 董静，郑天然．基于"点－轴系统"理论的京津冀地区旅游地空间结构演变研究［J］．石家庄学院学报，2006（3）：78－83.

[6] 董雯，张小雷，王斌，等．乌鲁木齐城市用地扩展及其空间分异特征［J］．中国科学（D辑），地球科学，2006，36：148－156.

[7] 段进等．空间句法与城市规划［M］．南京：东南大学出版社，2007.

[8] 弗朗索瓦·佩鲁．增长极概念［J］．经济学译丛，1988（9）：67－72.

[9] 傅光明．论省直管县财政体制［J］．财政研究，2006（2）：32－35.

[10] 高桥伸夫．日本大城市圈研究［J］．王力，译．地理译报，1990，9（2）：15－17.

[11] 顾朝林，陈振光．中国大都市空间增长形态［J］．城市规划，1994（6）：45－50，19，63.

［12］桂峰，等．辐射沙洲沿岸地区海洋旅游资源开发初探［J］．海洋通报，2001，20（5）：47－53.

［13］何力，刘耀林．基于城市流模型的城市群扩张模拟：以武汉城市圈为例［J］．华中师范大学学报（自然科学版），2017，51（2）：224－230.

［14］胡灿伟．县域经济与组团发展：以湖北省为例［M］．北京：光明日报出版社，2013.

［15］胡兆量，福琴．北京人口的圈层变化［J］．城市问题，1994（4）：42－45.

［16］华伟，赵芳．都市扩张与土地资源利用集约化：关于上海市城市发展模式的研究［J］．长江流域资源与环境，1998，7（3）：193－197.

［17］黄光宇．乐山绿心环形生态城市模式［J］．城市发展研究，1998，5（1）：9－11.

［18］黄亚平．城市外部空间开发规划研究［M］．武汉：武汉大学出版社，1995.

［19］瞿风梅．2000年以来武汉市产业结构变化［D］．武汉：华中师范大学，2013.

［20］黎夏，叶嘉安．利用遥感监测和分析珠江三角洲的城市扩张过程：以东莞市为例［J］．地理研究，1997，6（4）：56－62.

［21］黎夏，叶嘉安．约束性单元自动演化CA模型及可持续城市发展形态的模拟［J］．地理学报，1999，54（4）：289－298.

［22］李昌新．论美国西部点轴开发及其对中国西部开发的启示［J］．江西师范大学学报（哲学社会科学版），2002，35（1）：38－43.

［23］李国平．基于点轴理论的汉长昌经济圈的构建［J］．学习与实践，2005（8）：13－17.

［24］李国平．中部崛起中的汉长昌经济圈的构建［J］．人文地理，2005，20（6）：1－4.

［25］李晶．基于产业分类的临港产业范围探讨［J］．中国水运，2013，13（2）：49－50.

[26] 李强，刘安国，朱华晨．西方城市蔓延研究综述 [J]．外国经济与管理，2005（10）：19－26．

[27] 李雪英，孔令龙．当代城市空间拓展机制与规划对策研究 [J]．现代城市研究，2005（1）：35－38．

[28] 厉以宁．资本主义的起源：经济比较研究 [M]．北京：商务印书馆，2003．

[29] 刘卫东，等．中国西部开发重点区域规划前期研究 [M]．北京：商务印书馆，2003．

[30] 刘宪法．中国区域经济发展新构想：菱形发展战略 [J]．开放导报，1997，2（3）：46－48．

[31] 刘志晨，徐惠民，范环宇．基于 ArcEngine 的城市空间扩展模拟系统开发 [J]．国土与自然资源研究，2016（5）：55－58．

[32] 陆大道，等．中国工业布局理论实践 [M]．北京：科学出版社，1990．

[33] 陆大道，等．中国区域发展的理论与实践 [M]．北京：科学出版社，2003．

[34] 陆大道．二〇〇〇年我国工业生产力布局总图的科学基础 [J]．地理科学，1986，6（2）：110－118．

[35] 陆大道．工业的点轴开发与长江流域经济发展 [J]．学习与实践，1986（2）：18－22．

[36] 陆大道．关于"点－轴"空间结构系统的形成机理分析 [J]．地理科学，2002，22（1）：1－6．

[37] 陆大道．论区域最佳结构与最佳发展：提出"点－轴系统"和"T"型结构以来的回顾与再分析 [J]．地理学报，2001，56（2）：127－135．

[38] 陆大道．潜力理论与点轴系统 [J]．地理知识，1986（12）：23－24．

[39] 陆大道．区位论及区域研究方法 [M]．北京：科学出版社，1988．

[40] 陆大道．我国区域开发的宏观战略 [J]．地理学报，1987，42（2）：97－105．

[41] 陆玉麒，董平．中国主要产业轴线的空间定位与发展态势：兼论点－轴理论与双核结构模式的空间耦合 [J]．地理研究，2004，23（4）：

521 –529.

[42] 陆玉麒. 论点 – 轴系统理论的科学内涵 [J]. 地理科学, 2002, 22 (2)：136 –143.

[43] 陆玉麒. 区域发展中的空间结构研究 [M]. 南京：南京师范大学出版社, 1998.

[44] 罗海江. 二十世纪上半叶北京和天津城市土地利用扩展的对比研究 [J]. 人文地理, 2000 (4)：34 –37.

[45] 毛蒋兴, 阎小培. 高密度开发城市交通系统对土地利用的影响作用研究：以广州为例 [J]. 经济地理, 2005 (2)：185 –188, 210.

[46] 乔洪武, 曹希. 新型城镇化建设必须重视空间正义 [N]. 光明日报, 2014 –06 –18.

[47] 任启龙, 王利, 韩增林, 等. 基于城市年轮模型的城市扩展研究：以沈阳市为例 [J]. 地理研究, 2017, 36 (7)：1364 –1376.

[48] 石培基, 李国柱. 点轴系统理论在我国西北地区旅游开发中的应用 [J]. 地理与地理信息科学, 2003, 19 (5)：91 –95.

[49] 孙学玉. 市管县体制缺失与改革 [J]. 决策咨询, 2004 (1)：12 –13.

[50] 唐礼智. 我国城市用地扩展影响因素的实证研究：以长江三角洲和珠江三角洲为比较分析对象 [J]. 厦门大学学报 (哲学社会科学版), 2007 (6)：90 –96.

[51] 王利伟, 冯长春. 转型期京津冀城市群空间扩展格局及其动力机制：基于夜间灯光数据方法 [J]. 地理学报, 2016, 71 (12)：2155 –2169.

[52] 王麒麟. 城市行政级别、贷款规模与服务业发展：来自285 个地市级的面板数据 [J]. 当代经济科学, 2014, 36 (6)：61 –70.

[53] 王孝勇, 朱昌好. 政府层级改革视角下的"强县扩权" [J]. 理论前沿, 2006 (5)：15 –16.

[54] 魏后凯. 我国宏观区域发展理论评价 [J]. 中国工业经济研究, 1990 (1)：76 –80, 63.

[55] 吴传钧. 发展具有中华特色的地理科学 [J]. 中学地理教学参考, 1998 (11)：5 –8.

[56] 吴传清. 基于成长三角理论的汉三角区域增长极营造问题探析 [J]. 学习与实践, 2006 (7): 22-26.

[57] 吴传清, 许军. 关于昌九工业走廊建设问题探讨: 基于点轴系统理论-双核结构模型 [J]. 经济前沿, 2006 (11): 27-31.

[58] 吴启焰, 等. 城市空间结构研究的回顾与展望 [J]. 地理学与国土研究, 2001 (2): 46-50.

[59] 武汉市城市总体规划 (2010—2020 年) [R]. 武汉: 武汉市人民政府, 2010.

[60] 西蒙·库兹涅茨, 等. 现代经济增长 [M]. 北京: 北京经济学院出版社, 1989.

[61] 肖星, 王生鹏. 甘肃旅游点轴开发模式探讨 [J]. 西北民族大学学报 (哲学社会科学版), 2003 (2): 39-40.

[62] 熊国平. 当代中国城市空间形态演变 [M]. 北京: 中国建筑工业出版社, 2006.

[63] 徐建华, 单宝艳. 兰州市城市扩展的空间格局分析 [J]. 兰州大学学报 (社会科学版), 1996, 24 (4): 62-68.

[64] 闫鹏飞, 窦世卿, 陈刚. 基于 RS 和 GIS 的哈尔滨市城市扩展研究 [J]. 北京测绘, 2018, 32 (12): 1384-1388.

[65] 严清华, 吴传清. 汉三角区域增长极与中部崛起 [J]. 学习与实践, 2005 (10): 20-23.

[66] 晏学峰. 沿海、沿江、陇海三大经济地带将构成我国经济的基本格局 [J]. 经济改革, 1986 (1): 12-16.

[67] 杨承训, 阎恒. 论"弗"字形网络布局和沿黄—陇海经济带 [J]. 开发研究, 1990 (4): 27-31.

[68] 杨荣南, 张雪莲. 对城市空间扩展的动力机制与模式研究 [J]. 地域研究与开发, 1997, 16 (2): 1-5.

[69] 姚士谋, 帅江平. 城市用地与城市生长: 以东南沿海城市扩展为例 [M]. 合肥: 中国科学技术大学出版社, 1995.

[70] 游士兵, 苏正华, 王婧. "点-轴系统"与城市空间扩展理论在经济增

长中引擎作用实证研究 [J]. 中国软科学, 2015 (4)：142 – 154.

[71] 张伦. 我国对外开放的目字形格局 [J]. 开发研究, 1992 (3)：19 – 24.

[72] 张玉利, 等. 重新设计组织：在剧变环境中求生存 [M]. 天津：人民出版社, 1997.

[73] 赵海霞, 张效军. 非均衡区域发展理论对西部大开发的适用性 [J]. 新疆社科论坛, 2002 (4)：20 – 23.

[74] 赵红雨. 点轴开发理论与西部大开发战略选择 [D]. 西安：陕西师范大学, 2001.

[75] 赵慧英, 林泽炎. 组织设计与人力资源战略管理 [M]. 广州：广东经济出版社, 2003.

[76] 中共湖北省委办公厅, 湖北省人民政府办公厅. 省发展和改革委员会关于加快推进武汉城市圈建设的若干意见 [Z]. 湖北省人民政府公报, 2004.

[77] 中共中央关于全面深化改革若干重大问题的决定 [M]. 北京：人民出版社, 2013.

[78] 周春山. 城市空间结构与形态 [M]. 北京：科学出版社, 2007.

[79] 周春山. 改革开放以来大都市人口分布与迁居研究：以广州为例 [M]. 广州：广东高等教育出版社, 1996.

[80] 周茂权. 点轴开发理论的渊源与发展 [J]. 经济地理, 1992, 12 (2)：49 – 52.

[81] 周一星. 北京的郊区化及引发的思考 [J]. 地理科学, 1996 (3)：198 – 206.

[82] Acharya V V, Anginer D, Warburton A J. The End of Market Discipline? Investor Expectations of Implicit Government Guarantees [J]. Social Science Electronic Publishing, 2016.

[83] Atkinson G, Oleson T. Urban Sprawl as a Path Dependent Process [J]. Journal of Economic Issues, 1996, 30 (2)：609 – 615.

[84] Book T. The Urban Field of Berlin：Expansion-Isolation-Reconstruction [J]. Geografiska Annaler. Series B：Human Geography, 1995, 77 (3)：177 – 196.

[85] Boudeville J R. Problems of Regional Economic Planning [M]. Edinburgh University Press, 1968.

[86] Brueckner J K Fansler D A. The Economics of Urban Sprawl: Theory and Evidence on the Spatial Sizes of Cities [J]. Review of Economics and Statistics, 1983 (65): 479 – 482.

[87] Brueckner J K. Urban Sprawl: Diagnosis and Remedies [J]. International Regional Science Review, 2000, 23 (2): 160 – 171.

[88] Buckley R M. Urbanization and growth [M]. Washington DC: World Bank Publications, 2008.

[89] Clark G L, Massey D. A Research Agenda on Multinational Enterprises and the Spatial Division of Labor [R]. Social Science Research Council, 1982.

[90] Deadman P, Brown R D, Gimblett H R. Modelling Rural Residential Settlement Patterns with Cellular Automata [J]. Journal of Environmental Management, 1993, 37 (2): 147 – 160.

[91] Dieleman F M, Dijst M J, Spit T. Planning the Compact City: The Randstad Holland Experience [J]. European Planning Studies, 1999, 7 (5): 605 – 621.

[92] Dutton J A. New American Urbanism: Reforming the Suburban Metropolis [M]. Milano, Italy: Skira Architecture Library, 2000.

[93] Ewing R, Meakins G, Hamidi S, Nelson A C. Relationship between Urban Sprawl and Physical Activity, Obesity, and Morbidity-Update and Refinement [M]. Urban Ecology, 2008.

[94] Fishman B R. America's New City [M]. Wilson Quarterly, 1990.

[95] Friedmann J. The World City Hypothesis [J]. Development and Change, 1986, 17 (1): 69 – 83.

[96] Gelfand M J, Ball W S, Oestreich A E, et al. Transient Loss of Femoral Head Tc-99m Diphosphonate Uptake with Prolonged Maintenance of Femoral Head Architecture [J]. Clinical Nuclear Medicine, 1983, 8 (8): 347 – 354.

[97] Hamidi S, Ewing R. A Longitudinal Study of Changes in Urban Sprawl between 2000 and 2010 in the United States [J]. Landscape and Urban Planning, 2014, 128: 72 – 82.

[98] Harvey D. Social Justice and The City [M]. Edward Arnold, 1973.

[99] Hendry M J. Canberra, A City Within the Landscape: An Evaluation of the Provision of Parkland and Public Open Space [J]. Landscape Planning, 1979, 6 (3): 271 – 283.

[100] Kohn R B C F. Metropolis on the Move: Geographers Look at Urban Sprawl-by Jean Gottmann [J]. Economic Geography, 1968, 44 (2): 186 – 187.

[101] Lee E S. A Theory of Migration [J]. Demography, 1966, 3 (1): 47 – 57.

[102] Lopez-Calva E, Magallanes A. Systems Modeling for Integrated Planning in the City of Los Angeles: Using Simulation as a Tool for Decision Making [J]. Proceedings of the Water Environment Federation, 2001 (9): 81 – 103.

[103] Lynch K. The City as Environment [J]. Scientific American, 1985, 213 (3): 209 – 219.

[104] McCarley W J. Urban Renewal in Brightmoor: Detroit's Alternative to Suburban Sprawl [D]. College of Architecture and Planning, 1995.

[105] Mills E S. Book Review of Urban Sprawl Causes, Consequences and Policy Response [J]. Regional Science and Urban Economics, 2003 (33): 251 – 252.

[106] Olden K. Urban Sprawl and Public Health: Designing, Planning, and Building for Healthy Communities [J]. Environmental Health Perspectives, 2005, 113 (3): 201 – 217.

[107] Oleson K W, Monaghan A, Wilhelmi O, et al. Interactions between Urbanization, Heat Stress, and Climate Change [J]. Climatic Change, 2015, 129 (3 – 4): 525 – 541.

[108] Pascal R B A H. Urban America in the Eighties: Perspectives and Prospectsby Panel on Policies and Prospects for Metropolitan and Non-Metropolitan America [J]. Journal of Policy Analysis and Management, 1981, 1 (1): 166.

[109] Pendall R. Do Land-Use Controls Cause Sprawl [J]. Environment and Planning, 1999, 26 (4): 555 – 571.

[110] Perroux F. Economie Appliquee [M]. Droz, 1950.

[111] Richmond H. Regionalism: Chicago as an American Region [M]. Chicago: The MacArthur Foundation, 1995.

[112] Roberto C, Maria C G, Paolo R. Urban Mobility and Urban form: The Social and Environmental Costs of Different Patterns of Urban Expansion [J]. Ecological Economics, 2002, 40 (2): 199 – 216.

[113] Sassen S. Economic Restructuring and the American City [J]. Annual Review of Sociology, 1990, 16 (1): 465 – 490.

[114] Shirvani H. Rationality in Planning: Critical Essays on the Role of Rationality in Urban and Regional Planning [J]. Landscape Journal, 1986, 5 (2): 156 – 157.

[115] Sombart W. The Jews and Modern Capitalism [M]. Transaction Publishers, 1951.

[116] Soule D C. Defining and Managing Sprawl [M]//Urban Sprawl: A Comprehensive Reference Guide. Westport, CT: Greenwood Press, 2006.

[117] Tobler W R. A Computer Model Simulation of Urban Growth in the Detroit Region [J]. Economic Geography, 1970, 46: 234 – 240.

[118] Wilson A G. The Use of Entropy Maximizing Models, in the Theory of Trip Distribution, Mode Split and Route Split [J]. Journal of Transport Economics and Policy, 1969, 3 (1): 108 – 126.

[119] Zubtsov A V. The Theory of Three-Dimensional Flows in Steady-State Breakaway Zones [J]. Fluid Dynamics, 1973, 8 (6): 978 – 980.